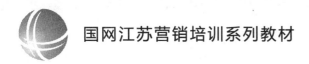

国网江苏营销培训系列教材

Source-grid-load
Friendly Interaction

源网荷友好互动

侯建朝　主编

上海财经大学出版社

图书在版编目(CIP)数据

源网荷友好互动 / 侯建朝主编. —上海:上海财经大学出版社,2018.3

国网江苏营销培训系列教材

ISBN 978 - 7 - 5642 - 2940 - 5/F • 2940

Ⅰ. ①源… Ⅱ. ①侯… Ⅲ. ①电网互联—技术培训—教材 Ⅳ. ①TM727

中国版本图书馆 CIP 数据核字(2018)第 022847 号

责任编辑:李志浩
封面设计:张克瑶

YUANWANGHE YOUHAO HUDONG

源网荷友好互动

国网江苏营销培训系列教材

著 作 者:侯建朝 主编

出版发行:上海财经大学出版社有限公司

地　　址:上海市中山北一路 369 号(邮编 200083)

网　　址:http://www.sufep.com

经　　销:全国新华书店

印刷装订:上海华教印务有限公司

开　　本:710mm×1000mm　1/16

印　　张:14

字　　数:228 千字

版　　次:2018 年 3 月第 1 版

印　　次:2018 年 3 月第 1 次印刷

定　　价:48.00 元

总　序

中国电力行业正面临着深刻的宏观环境变化。新时代中国电力行业发展呈现出电力供应宽松化、电力交易市场化、电力生产和消费绿色化的特征。

首先,中国电力供应总体上呈现过剩的态势。自 2012 年以来,中国经济结束了高速增长的时代,经济增速放缓至 8% 以下。2014 年,中央政府对中国的经济形势做出了准确判断,认为中国经济发展处于经济增长速度换挡期、结构调整阵痛期、前期刺激政策消化期的三期叠加时期,并提出了中国经济发展新常态的概念。伴随着经济发展进入新常态,中国电力需求增速也随之降低。2012 年全社会用电量增速放缓至 5.9%,6 000 千瓦及以上电厂发电设备利用小时出现下降;到 2016 年 6 000 千瓦及以上电厂发电设备利用小时仅为 3 785 小时;发电企业出现大面积亏损。

其次,电力市场化改革进入实质性阶段,2015 年 3 月 15 日《中共中央国务院关于进一步深化电力体制改革的若干意见》(中发〔2015〕9 号)下发,标志着新一轮电力体制改革的开启。新电改按照"管住中间、放开两头"的体制架构,实行"三放开,一独立,三强化"。随之各省改革试点方案密集出台,售电公司如雨后春笋般涌现。据不完全统计,截至 2017 年底全国各地成立的售电公司上万家,其中已经公示的有近 3 000 家。大量售电公司参与电力市场交易,供电公司一家独大局面将不复存在。

再次,电力行业开始了低碳绿色转型发展。习近平总书记在十九大报告中指出,必须坚定不移地贯彻创新、协调、绿色、开放、共享的新发展理念,对能源电力走绿色发展道路提出了新要求;国家《电力发展"十三五"规划》等一系列文件,提出要构建全球能源互联网,优化能源电力结构,着力提高能源效率,发展清洁能源等能源电力发展方向。实现能源开发上的清洁替代和能源消费上的电能替代(两个替代),根本上是实现能源结构从以化石能源为主向以清洁能源为主的转变。电力生产和消费的绿色化,既带来了相关新技术应用,又给电力公司带来新业务,如电能替代市场如何开拓、源网荷如何互动等。

电力公司的经营环境发生了深刻变化,原有的电力营销理念、营销模式、营销方法已经不再适宜目前的经营环境和业务。如何对电力公司营销部门员工进行营销技能培训,让其尽快适应新的环境、熟悉新的业务、掌握新的技能,是摆在电力公司人力资源部门面前的一大难题。目前,现有的电力营销教材偏重营销的理论和方法,与实际电力营销一线员工需要掌握的知识和技能不符,因此迫切需要一套有针对性、接地气、强技能的电力营销培训教材,以切实提升电力公司营销部门员工的业务和技能水平,继续保持电力公司在未来市场竞争中的优势。

国网江苏省电力公司盐城供电公司作为国家电网公司的电力营销技能培训单位,站在电力公司未来可持续发展的高度,深刻把握中国电力行业的发展趋势和特征,成立了电力营销系列培训教材编辑委员会,开发电力营销系列培训教材。该系列培训教材包含《电力需求侧管理》《岸电系统》《电动汽车充电桩》《源网荷友好互动》等10本,既包括比较传统的电力营销业务,也包括新出现的电力营销业务。为了保证本电力营销系列培训教材能够适合电力公司营销部门员工实际业务和技能需求,编辑委员会成员利用多年电力营销技能培训经验以及对学员的现实需求,深入调研,确定了"源于现实业务、面向现实需求、紧跟时代趋势、服务营销人员、提升营销技能"的编写原则,并针对教材编写形式、编写大纲、编写内容进行框定。为保证每本书的实用性,编写人员深入浙江、江苏、上海等地的电力公司营销部门,进行实地走访和调研,了解营销业务人员的现实需求,并对大纲进行了修订。此外,在编写过程中,还广泛征求了电力企业营销专家的意见和建议,以确保教材能够满足电力营销人员的需求。

该电力营销系列培训教材以电力营销业务体系进行区分和编写,每本书针对一项营销业务,在业务划分和选取方面广泛征求专家意见,充分考虑了业务之间的典型性和相关性。为了做到教材通俗易懂、深入浅出,每本书的编写以营销业务及其流程为主线,注重实际操作,配有大量的图片,针对业务流程中需要重点关注的问题、难点进行阐述,并提供相应的思考与练习题,供学员巩固学习效果和考核使用。该系列培训教材能够培养电力营销业务人员的业务流程知识和操作技能,理解电力营销业务的内涵,掌握电力营销操作规则,发现并妥善处理电力营销中的疑难问题。编写者具有很高的理论水平和丰富的实践经验,该系列教材能够作为各地电力公司营销培训用书,也可用作科研院所、高校学生和教师的参考书。

华北电力大学　曾鸣教授

2018 年 1 月

前　言

中国作为电力生产和消费大国，以煤电为主的电力生产格局造成严重环境污染，是能源生产革命和能源消费革命必须解决的问题。十九大报告中提出要加快生态文明体制机制改革，建设美丽中国。源网荷互动技术作为解决中国电力可持续发展思路，是行业决策者们提出的创新性解决方案，是中国方案的典范。它不仅能够为解决中国电力问题提供路径，而且能够为世界其他国家电力行业的转型升级提供借鉴。

源网荷友好互动系统可以说是中国电力系统的升级版，是中国电力系统的2.0版本。源网荷友好互动电力系统能够把电网事故应急处理能力提升至国际领先的"毫秒级"，而且精准控制到用户的特定负荷，最大限度地降低负面影响，提高电力系统应对安全事故的能力，减少电力系统大规模安全事故的发生。此外，源网荷友好互动电力系统在日常运行中也能发挥重要作用，通过需求侧响应和主动配电系统友好互动，实现电力"移峰填谷"和智慧用电，提升电力系统对新能源的消纳能力和用电绩效水平。

本书主要内容包括源网荷互动系统的概况、相关政策及标准、友好互动体系、友好互动系统、网荷互动用户的选择、网荷互动用户需求、源网荷友好互动系统的终端装置、源网荷友好互动系统下的电力需求侧管理等内容。

本书在编写过程中，不仅展现最新的前沿理论和技术，而且兼顾了源网荷互动系统的现实实践，深入浅出地阐述了源网荷远景和实现路径。本书在编写过程中参考和引用了前辈和同行的工作研究成果，使得本书能够比较全面地反映源网荷互动系统前沿理论和现实实践。除了书中所引用的部分作者文献外，还引用了网络、书报杂志和广播电视等资料,没有在文中一一注明,在此一并表示感谢。

本书是电力市场营销人员、技术管理人员以及相关人员的培训教材,也适合作为参与源网荷互动电力用户能源管理人员的培训教材。同时,可以作为高校本科生、研究生、教师及相关科研人员的参考用书。

本书由侯建朝任主编,参与编写的人员有高军、曹孟超、陈倩男、王志伟、王海铖和翟晓龙。在编写过程中得到了国网江苏省电力有限公司营销技能培训中心、国网江苏省电力有限公司苏州供电分公司的大力支持。在此一并致谢!

编 者

2017 年 12 月 8 日

目 录

总序 ·· 1

前言 ·· 1

第一章 源网荷友好互动系统概况 ································· 1
　　第一节 源网荷友好互动系统发展背景 ····················· 1
　　第二节 源网荷友好互动系统内涵及历史发展 ············· 5
　　第三节 源网荷友好互动系统特点 ··························· 9
　　第四节 源网荷友好互动系统作用 ························· 16
　　思考与练习 ··· 19

第二章 源网荷友好互动系统的相关政策及标准 ············· 20
　　第一节 相关政策文件 ····································· 20
　　第二节 建设管理规范 ····································· 24
　　第三节 运维管理规范 ····································· 32
　　第四节 终端工程规范 ····································· 40
　　思考与练习 ··· 47

第三章 源网荷系统的友好互动体系 ························· 48
　　第一节 源源互补 ··· 49
　　第二节 源网协调 ··· 52
　　第三节 网荷互动 ··· 58
　　第四节 源荷互动 ··· 63

第五节　网网互动 ┈┈┈┈┈┈┈┈┈┈┈┈┈┈┈┈┈┈┈┈┈┈ 67

思考与练习 ┈┈┈┈┈┈┈┈┈┈┈┈┈┈┈┈┈┈┈┈┈┈┈┈ 69

第四章　源网荷友好互动系统 ┈┈┈┈┈┈┈┈┈┈┈┈┈┈┈┈ 70

第一节　源网荷友好互动系统简介 ┈┈┈┈┈┈┈┈┈┈┈┈ 70

第二节　源网荷友好互动系统功能 ┈┈┈┈┈┈┈┈┈┈┈┈ 78

第三节　源网荷友好互动系统运作模式 ┈┈┈┈┈┈┈┈┈ 83

第四节　案例——以江苏省为例 ┈┈┈┈┈┈┈┈┈┈┈┈┈ 85

第五节　源网荷友好互动系统操作 ┈┈┈┈┈┈┈┈┈┈┈┈ 91

思考与练习 ┈┈┈┈┈┈┈┈┈┈┈┈┈┈┈┈┈┈┈┈┈┈┈┈ 96

第五章　网荷互动用户的选择 ┈┈┈┈┈┈┈┈┈┈┈┈┈┈┈┈ 97

第一节　用户筛选标准及流程 ┈┈┈┈┈┈┈┈┈┈┈┈┈┈ 97

第二节　源网荷互动的技术要求 ┈┈┈┈┈┈┈┈┈┈┈┈┈ 98

第三节　电网企业和用户之间合约要点 ┈┈┈┈┈┈┈┈┈ 119

第四节　网荷互动的市场机制 ┈┈┈┈┈┈┈┈┈┈┈┈┈┈ 120

思考与练习 ┈┈┈┈┈┈┈┈┈┈┈┈┈┈┈┈┈┈┈┈┈┈┈ 122

第六章　网荷互动用户需求 ┈┈┈┈┈┈┈┈┈┈┈┈┈┈┈┈┈ 123

第一节　用户对网荷互动的服务需求 ┈┈┈┈┈┈┈┈┈┈ 123

第二节　用户对网荷互动的技术需求 ┈┈┈┈┈┈┈┈┈┈ 134

第三节　用户对网荷互动的信息需求 ┈┈┈┈┈┈┈┈┈┈ 142

第四节　用电序列的制定 ┈┈┈┈┈┈┈┈┈┈┈┈┈┈┈┈ 144

思考与练习 ┈┈┈┈┈┈┈┈┈┈┈┈┈┈┈┈┈┈┈┈┈┈┈ 148

第七章　源网荷友好互动系统的终端装置 ┈┈┈┈┈┈┈┈┈ 149

第一节　概述 ┈┈┈┈┈┈┈┈┈┈┈┈┈┈┈┈┈┈┈┈┈┈ 149

第二节　终端工作原理 ┈┈┈┈┈┈┈┈┈┈┈┈┈┈┈┈┈ 154

第三节　终端技术要求 ┈┈┈┈┈┈┈┈┈┈┈┈┈┈┈┈┈ 162

第四节　终端系统维护 ┈┈┈┈┈┈┈┈┈┈┈┈┈┈┈┈┈ 166

　　第五节　终端设备操作 ·· 168

　　思考与练习 ··· 177

第八章　源网荷友好互动系统下的电力需求侧管理 ················ 178

　　第一节　源网荷系统下的电力需求侧管理结构 ················· 178

　　第二节　源网荷系统下的分布式电源 ························· 183

　　第三节　源网荷系统下分布式电源入网 ····················· 185

　　第四节　源网荷系统下的电动汽车入网 ····················· 191

　　第五节　电动汽车与电网交互的应用价值 ··················· 197

　　第六节　电动汽车与电网融合的商业模式 ··················· 201

　　思考与练习 ··· 207

参考文献 ··· 208

第一章　源网荷友好互动系统概况

　　源网荷友好互动系统作为解决新能源消纳、实现电力系统智慧化、促进电力行业绿色低碳转型升级的重要技术手段，是未来电力系统的发展重要方向。为方便读者了解源网荷友好互动系统的基本情况，本章的主要内容分为四部分。首先，描述源网荷友好互动系统的发展背景，只有电源、电网、负荷的全面互动和协调平衡才能适应未来智能电网的发展需求，这种良性互动不仅必须而且可能。其次，提出了源网荷友好互动系统的内涵，即通过电源、电网与负荷三者间的多种交互形式，实现资源的最大化利用，以期达到让整个系统更加安全、经济和高效运行的目标；同时，通过介绍源网荷友好互动系统的演进过程及建设目标，使读者更加充分地了解源网荷友好互动系统的含义。然后，分别对电源侧、电网侧和负荷侧的特性展开分析，便于更好地把握源网荷友好互动系统的特点。最后，结合实际简要地阐述了源网荷友好互动系统的作用。

第一节　源网荷友好互动系统发展背景

　　能源作为人类活动的物质基础，是经济社会快速、持续发展的关键。煤炭、石油和天然气等化石能源是世界能源供应的主要来源，但随着经济社会的不断发展，对能源的需求越来越大，一方面使得化石能源的储量不断减少而濒临枯竭；另一方面在化石能源开采和使用过程中造成日益突出的生态失衡、全球气候变暖等环境问题。此外，在能源分布方面：我国 80％以上的化石能源分布在我国西北部地区，太阳能资源主要分布在青藏高原、新疆以及内蒙古高原等地区，风能资源主要分布在我国东南沿海以及三北地区。与此同时,我国的负荷中心却大都集中在东南沿海发达地区,中西部地区的负荷所占比例很小。总体来看,我国人均资源匮乏及能源分布和区域经济发展不均衡决定了我国必须实行能源大规模广域调配。为有效解决这些问题,应对能源和环境挑战,能源变革势在必行,推动能源发展清洁化、全球化、智能化,成为世界各国能源变革转型的战略方向。

清洁化,就是走绿色低碳发展道路,逐步实现化石能源为主向清洁能源为主转变,摆脱化石能源依赖。清洁化的关键是"两个替代",即能源开发实施"清洁替代",以太阳能、风能、水能等清洁能源替代化石能源;能源消费实施"电能替代",以电代煤、以电代油,提高电能在终端能源消费中的比重。

全球化,就是立足于能源全球配置和全球共享,推动跨国、跨洲能源基础设施互联互通,构建安全、低碳、高效、先进的现代能源供应体系,建立长期稳定的能源供应链,大幅提升能源配置的规模、范围和效率。在现代能源供应体系中,煤、油、气、风能、太阳能等各类能源都可以转化为电能来利用,电网将成为能源开发、转换、配置和消纳的基础平台。

智能化,就是基于大数据、云计算、物联网、移动终端、虚拟现实等先进信息技术推广应用,全面提高现代能源系统的经济性、适应性和灵活性,构建智慧能源系统,建设智能电网,促进智能家居、智能交通、智慧城市、智慧国家建设。

2016年9月3日,习近平主席在G20杭州峰会上提出:"共同构建绿色低碳的全球能源治理格局,推动全球绿色发展合作。"过去十多年来,特高压输电、智能电网、新能源发电等技术创新突破,带来了能源和电力发展格局的深刻变化,风电、太阳能发电等新能源迅猛增长,电网等能源网络的联网规模不断扩大,智能电网等智慧能源系统在世界各国蓬勃发展,科技创新在推动能源清洁化、全球化、智能化进程中发挥着越来越重要的作用。

"互联网+"智慧能源是一种互联网与能源生产、传输、存储、消费以及能源市场深度融合的能源产业发展新形态,具有设备智能、多能协同、信息对称、供需分散、系统扁平、交易开放等主要特征。在全球新一轮科技革命和产业变革中,互联网理念、先进信息技术与能源产业深度融合,正在推动能源互联网新技术、新模式和新业态的兴起。能源互联网是推动我国能源革命的重要战略支撑,对提高可再生能源比重,促进化石能源清洁高效利用,提升能源综合效率,推动能源市场开放和产业升级,形成新的经济增长点,提升能源国际合作水平具有重要意义。

为推进能源互联网发展,国家发改委等部门于 2016 年 2 月印发了《关于推进"互联网＋"智慧能源发展的指导意见》,提出推动能源互联网新技术、新模式和新业态发展,推动能源领域供给侧结构性改革,支撑和推进能源革命。国务院非常重视以"互联网＋"智慧能源为代表的能源产业的创新发展,李克强总理多次强调,能源供应和安全关系我国经济社会发展的全局,要推进"互联网＋",推动互联网与能源行业深度融合,促进智慧能源发展,提高能源绿色、低碳、智能发展水平,走出一条清洁、高效、安全、可持续的能源发展之路,为经济社会持续健康发展提供支撑。全球能源互联网是以特高压电网为骨干网架、全球互联的坚强智能电网,是清洁能源在全球范围大规模开发、配置、利用的基础平台,需要有一个完整的资源消费与服务体系与之配套。推进源网荷友好互动系统建设已成为抵御大电网风险,实现各类负荷自由接入、灵活调度的必然方向。

随着特高压骨干网络的建设应用及大规模主动负荷的接入,电网运行特性发生深刻变化,如何保障电网安全稳定、经济高效运行,是当前面临的主要问题。所以,迫切需要开展大规模供需友好互动系统建设,深入研究和实践在特高压紧急故障情况下,实现由调度直接发令对分类用户可中断负荷的实时精准控制,避免对变电所或线路进行整体拉闸,将电网故障的社会影响降到最低,提升大电网故障防御能力。同时,需要加快建设坚强智能电网,以电网发展方式转变促进经济社会转型升级。作为转型发展的新兴产业,智能电网产业是全球应对环境变化、提高能源使用效率、减少碳排放而发展起来的新兴产业,主要涉及新能源发电并网、复合材料、电线电缆、变配电、计量检测、电力系统自动化、储能、电动汽车接入、通信、信息等。江苏省在智能电网产业方面基础较好,起点较高、产业链较为完整,已成为江苏省重点发展的十大战略性新兴产业。智能电网产业带动和促进风电、光伏、生物质发电等新能源产业的规模化发展和电动汽车的普及。

在"十二五"期间,国网江苏省电力公司电力需求侧管理工作取得了长足的进步,初步实现了从传统大范围、粗放式的有序用电管理方式向精益化、科学化、系统化有序用电管理与电力需求响应相结合的方式转变,已具备探索研究大规模供需友好互动系统建设的实践基础,通过需求侧管理来调节电网负荷,应对大电网风险,实现负荷侧主动适应电源侧调控策略,已成为推动电力需求侧精益化管理的必由之路。另外,通过对电网的运行、监控、计量、分析和管理,通过采集电网和大用户各种实时运行数据和配电侧、售电侧、低压居民等电量信息,建立了综合的采集与处理平台,整合配网自动化、负荷控制与管理、低压居民电量集抄、电网运行管理等应用功能,实现资源共享、节能降损,提高数据综合分析应用水平,改善电能质量,为电力企业实现电网的数据整合、智能决策、经济运行和高效管理提供强有力的技术手段,开发需求侧管理综合监测和运行管理系统。同时也为电网的精益化计量和精益化管理提供全面的技术解决方案。

随着电力体制改革的深入推进、电力市场化主体的多元化,电网企业必须积极开展服务模式的创新研究,满足多变的市场需求,更好地服务各类市场主体和广大用户;其次,2017 年 9 月,我国移动互联网用户已经达到 12.34 亿,为发展"互联网+电力营销"提供了广阔空间。大数据、云计算、物联网等互联网技术和理念,为电网企业提升营销策划、丰富客户画像、实施精准营销提供了解决方案;再次,随着经济社会发展,各行业在服务体验方面的创新,用电群体对电力服务提出了新的要求。电网企业需要建立面向市场竞争环境和互联网模式的新型营销服务体系,为电力用户提供快捷、流畅、愉悦又兼具个性化的服务,赢得用户信任,实现企业与用户双赢。这些都说明满足用户友好互动的用电服务要求势在必行。

大规模供需友好互动模式区别于传统有序用电管理方式、调度调控模式,是以负荷侧用户自主响应、自主参与为原则,应用前沿的"互联网+""大数据"等技术,制定科学的控制策略,智能灵活地调控用户侧负荷资源,实现电力负荷的优化配置和电能的双向互动。负荷调控面资源将逐步覆盖工业用户可中断负荷、非工用户空调、智能小区大负荷电器等,同步完善用户智能互动渠道,通过APP、微信等方式,让用户实时了解生产用能情况,引导用户优化用电方式,促使用户在用电高峰时段、大电网故障时,根据电网需求调整用电负荷,实现市场手段下的电网负荷调节,最终实现企业电网双赢,满足用户友好互动服务要求。

江苏省作为中国首批源网荷友好互动系统发展的试点省份,走在了中国前列,在源网荷友好互动系统的建设、运维、操作等方面取得了丰富的经验。2016年,国网江苏省电力公司建设大规模源网荷友好互动系统,通过对负荷资源的分类、分级、分区域管理,实现电网、负荷等资源的互济协调,增强大电网严重故障情况下的弹性承受能力和弹性恢复能力,提升电网消纳可再生能源和充电负荷的弹性互动能力。江苏省在大规模源网荷友好互动系统的应用推广上已走在了全国前列。在负荷控制建设方面,目前江苏已建成覆盖全境 3 800 万用户的用电信息采集系统网络,其中负荷控制用户 26.35 万,实现负荷监测达 5 000 多万 kW。在需求响应方面,江苏率先实施了首次需求响应。邀约负荷为 162.74万 kW,实际减少负荷 188.75 万 kW;启用价格响应机制,全省尖峰增加收入约2 000 万元,电力需求响应、非工负荷调控支出约 1 800 万元;非工空调调控成效显著,成功实施了非工空调刚性与柔性负荷调控,共涉及 1 182 户,装机62 万 kW,实际调控 14.95 万 kW。智能互动体系方面,江苏省建成了"六位一体"互动服务体系,其中微信平台绑定 716 万户,支付宝服务窗关注客户 335 万户,"掌上电力"手机 APP 服务已注册超 100 万居民客户,大用户"电力一点通"手机 APP 服务已覆盖全省 26 万高压客户。

第二节　源网荷友好互动系统内涵及历史发展

一、"源网荷"互动内涵

"源网荷"互动是指电源、电网与负荷三者间通过多种交互形式,依托各种监控手段,实现更经济、高效和安全地提高电力系统功率动态平衡能力的目标。"源—网—荷"互动本质上是一种能够实现能源资源最大化利用的运行模式。充分协调调度电源侧、电网侧和负荷侧可以调动的资源,实现电网中电源、网络、负荷共同参与并优化系统运行。提高对可再生能源的消纳能力,实现源网荷三方面的良好互动,保证电力系统安全可靠、优质高效运行。

友好互动系统的"源"侧既包括各种集中式电源,也包括分布式电源,如大型火电、水电、核电、风电等集中式电源,风力发电机组、太阳能光伏发电机组、小水电等不可控分布式电源,以及燃气轮机、柴油发电机、燃料电池等可控分布式电源。"网"侧主要包括变压器、电力电缆、断路器、隔离开关和联络开关等设施。"荷"侧指用户侧的各类用电设施,包括商业负荷、工业负荷、居民生活用电负荷、电动汽车等。

如图 1.1(a)所示,传统电力系统运行控制模式是电源跟踪负荷变化进行调整,是一种基于电网供电和用户用电的单向电力网络,电网与用户之间不存在信息交互和反馈。未来电网由于加入了可控分布式电源、电动汽车等新特征,使用了自动化通信、配电自动化等技术,并且电源、电网和负荷均具备了柔性特征,故将形成全面的"源—网—荷"互动,呈现源源互补、源网协调、网荷互动和源荷互动等多种交互模式(见图1.1(b))。

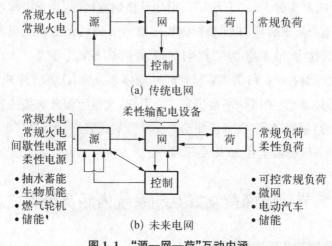

图 1.1 "源—网—荷"互动内涵

二、大规模供需友好互动系统的演进路线

随着用电负荷类型的多样化与通信技术的不断发展,从传统电网发展至今,大规模供需友好互动系统也历经了四个主要的发展阶段。

负荷初步控制阶段。20世纪90年代到2004年,为了解决江苏电力供应不足的问题,建设电力负荷控制系统,对全省所有100 kVA及以上用户的用电进行监测和控制。

大用户负荷管理阶段。2004~2010年,为了更好地为营销和用户服务,建设电力负荷管理系统,采集全省容量50 kVA及以上用户实时用电信息,逐步从负荷控制向负荷管理(控制)转变。

电能信息全覆盖采集与负荷管理阶段。2010~2016年,为"智能电网"的用电环节提供技术支撑,为营销业务策略的实施提供基础,建设电力用户用电信息采集系统,并整合电力负荷管理、配电监测、有序用电等系统。

源—网—荷友好互动阶段。2016~2020年,为提高江苏电网安全水平及抗事故能力,实施需求侧精益管理,增强与用户互动,建设大规模供需友好互动系统,提高电力系统功率动态平衡能力。

三、大规模供需友好互动系统的建设目标

对于现在电力系统而言,需要全面建设"资源聚合、精准高效、智能互动、安全可靠"的大规模供需友好互动系统,实现更经济、高效和安全地提高电力系统功率动态平衡能力的目标,保障电网运行安全、实施需求侧精益管理、增强与客户的互动性,为供电服务品质化提供可靠支撑。其实质是精准控制负荷,在发生故障时将损失降到最低。

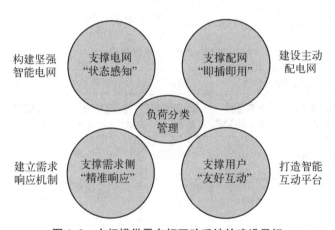

图 1.2 大规模供需友好互动系统的建设目标

2016 年,国网江苏省电力公司的大规模电网的源网荷互动系统建设目标主要是加强负荷测控能力和需求响应能力。到 2016 年迎峰度夏前完成 1 370 户专线用户光纤及智能网荷互动终端安装,实现 350 万负荷实时控制能力;完成 1 600 户非工用户中央空调改造,完成 200 户工业企业中央空调改造,完成十户分散性空调柔性控制试点改造,完成 1.7 万户居民可中断负荷监控试点,实现空调可监控容量达到 100 万 kW,居民可中断负荷监控可达到两万负荷。至 2016 年底,完成 2 370 户用户光纤接入及终端安装,实现 550 万负荷实时控制能力;累计完成 400 户工业用户中央空调改造,完成 20 万居民可中断负荷接入,全部空调监控能力达 110 万 kW 水平。

此外,还包括建立分布式光伏、储能互动试点工程,在苏州、常州智慧能源示

范区开展"分布式光伏＋储能"项目试点,完成 1 万 kW 级储能的建设推广工作。加快充换电服务网络布局,建成公交车充电站、高速快充站、城市快充站等各类充电设施 255 座,基本实现江苏省全省高速公路存量服务区快充设施全覆盖。这些都是支撑系统建设发展的一部分工作。

2017 年,新增 3 000 户光纤用户接入,实现 680 万负荷实时控制能力,针对光纤改造和负荷终端改造的用户同步实施可中断负荷控制回路改造。进一步加大非工用户、工业企业用户空调负荷控制改造,实现 130 万空调监控能力。逐步扩大居民柔性调控负荷监控范围,实现监控能力 30 万 kW。建成各类充电设施 272 座,引导车辆有序充电,试点实施充电负荷柔性控制。开展"分布式光伏＋储能"项目试点,完成 1 万 kW,完成储能设备建设 5 万 kW。

表 1.1　　　　　　　　　2016～2018 年建设目标

完成时间	光纤接入(秒级)		空调负荷(分钟级)		居民负荷(分钟级)	
	新增建设户数/户	新增可控负荷/万 kW	新增建设户数/户	新增可控负荷/万 kW	新增建设户数/万户	新增可控负荷/万 kW
2016 年迎峰度夏	1 370	350	2 100	100	1.7	2
2016 年下半年	1 000	200	200	10	18.3	8
2017 年	3 000	130	400	20	40	20
2018 年	3 000	90	400	20	80	40

到 2020 年,大力推进工业用户负控光纤改造,覆盖 1.5 万户工业用户,达到 900 万 kW 的秒级响应能力。进一步加大非工用户、工业企业用户空调负荷控制改造,实现 200 万空调监控能力。逐步扩大居民可中断负荷监控范围,实现监控能力 200 万 kW。加强需求响应建设,覆盖全省 5% 的尖峰负荷,实现 600 万 kW 需求响应能力。建成各类充换电站 2 017 座,南京、苏州和智能电网示范区建成 1 公里城市快充圈,江苏省其他城市建成 3 公里城市快充圈,建成百万千瓦级分布式光伏—储能互济系统。

不同行业、不同类别、不同性质的电力用户用电设备、负荷特性、用电习惯均存在较大差别,为了便于统一管理,根据有序用电的管理要求,将用户的可中断负荷按重要程度分为八个等级。

1～2级为非生产性可中断负荷,中断对用户无影响;

3～4级为辅助生产可中断负荷,中断后会对用户经济生产造成一定影响;

5～6级为主要生产负荷,中断后对用户产生较大影响;

7级为安全保障负荷,即保障用户安全负荷,断电后将会发生危险,不允许接入网荷互动终端;

8级为用户进线总开关,用于计算用户的总用电负荷,中断后用户全场失电。

图1.3　大规模供需友好互动系统预期建成成果

第三节　源网荷友好互动系统特点

随着新理论、新技术、新材料的快速发展,电源、电网和负荷均具备了柔性特征。通过间歇式能源与具有良好调节和控制性能的柔性电源的协调配合,可以使之共同向可预测、可调控的方向发展;与电网友好的可控常规负荷及微网、储能、电动汽车、需求响应等将发展成为能够适应电网调控需求的柔性负荷；电网中柔性交流输电系统(FACTS)等设备增强了电网柔性可控性；信息交互的完善，使得电源、电网、负荷不仅能感知自身状态的变化，同时还能获知其他个体的全面信息。另外，各种电力电子装置的接入，也增强了电网的可控性。这些新变化，都为智能电网源网荷的协调运行提供了便利条件，使之成为未来的一个重要的发展趋势。

一、新能源与分布式发电

分布式发电是指利用分布在负荷附近、中小规模的发电装置(几十 kW 到几十 MW)经济、高效、可靠地发电。分布式发电技术包括：微型燃气轮机、燃料电池、太阳能光伏发电、风力发电、生物质能和蓄电池等储能设备。分布式发电具有投资少、占地小，建设周期短、节能、环保等特点，对于高峰期电力负荷比集中供电更经济、有效。作为备用电源，分布式发电可为高峰负荷提供电力，提高供电可靠性；可为边远地区用户、商业区和居民供电；可作为本地电源节省输变电的建设成本和投资，改善能源结构，促进电力能源可持续发展。因此，分布式发电可以与现有电力系统结合，形成一个高效、灵活的电力系统，从而提高整个社会的能源利用效率，提高供电的稳定性、可靠性和电能质量。

新能源产业中风电、光伏产业发展势头迅猛。风电的地域性、季节性很强，不是所有地方都可兴建风电场，需要建在风速大、持续时间较长的风能丰富地带。同样地，光伏发电也具有间歇性和不确定性，其输出功率随着天气的变化，具有很强的波动性。光照强度越大，则输出功率越高。

以风电、光伏发电为代表的分布式电源接入电网，对系统的安全和可靠性可能会带来正面影响，也可能带来负面影响，视具体情况而定。若将分布式电源作为备用电源接入系统，则可以部分消除电网的过负荷和堵塞，提高电网的输电裕度。在适当的分布式电源布置和电压调节方式下，分布式电源可以对系统电压起支持作用，改善系统电压的整体水平；若该种分布式电源具有低电压穿越能力，则在系统发生故障时还能继续运行，并起到缓解电压骤降的作用，提高系统对电压的调节性能。这些都有利于提高系统的可靠性水平。但若分布式电源并网运行，则也可能降低系统的安全可靠性。若分布式电源不具备低电压穿越能力，则在系统发生故障时通常要求该分布式电源从电网中切除，则当其所接的线路故障重合时,分布式电源不但不能起到电压支持的作用,反而会加重电压跌落;且如果分布式电源没有及时跳闸脱网,造成的非同期重合可能引起保护误动作、设备受损,线路无法及时恢复运行,反而增加了用户的停电时间。发生系统停电时,有些分布式电源的燃料会中断或供给分布式电源辅机的电源会失去,分布式电源会同时停运,仍无法提高供电的可靠性。同时,分布式电源与配电网的继电保护如果配合不好,可能使继电保护误动作,反而使系统的安全可靠性降低。另外,分布式电源不适当的安装地点、容量和连接方式都可能降低配电网的安全可靠性。

二、柔性负荷

(一) 可中断负荷

可中断负荷管理是需求侧管理的一项重要内容。电力用户和政府签订合同,商讨具体的中断负荷策略,在负荷高峰或者发生一些紧急情况下,切除一定的设备容量,以保证电网运行的安全性和可靠性。作为对移峰贡献的补偿,用户可以获得电价的优惠政策。

可中断负荷管理的关键是如何制定用户和电网之间的可中断用电合同。合同的内容包括可中断负荷的中断时间、中断容量、补偿电价、提前通知的时间以及用户违约罚款政策等。

可中断负荷合同的核心部分是如何合理地设定可中断负荷的电价。若可中断负荷补偿价格设定合理,既能增强对用电用户的吸引力,使其自愿减少用电量,转移用电高峰,又能使电网降低调峰成本,减小损失。

可中断负荷管理的另一个重要方面就是电力公司如何才能确定用户缺电成本的真实性,用户有可能故意虚报信息,导致可中断负荷决策的失效。因此必须实行一定的激励和保险机制,促进用户所上报缺电信息的真实性。

国内的可中断负荷还不成熟,刚刚处于起步阶段。例如,江苏省某地区在夏季用电高峰期间,针对苏州市五家大型钢铁企业实行可中断管理。在 450 MW 的移峰容量中,共实行可中断次数 16 次,累计停电时间 30 h。补偿价格为 1 元/kWh,运行结果表明,合计补偿费用为 770 万元,而建设同样容量的发电机组需要投资 20 亿元,若向外购电,则需要 5 亿元。由此可见,可中断负荷在调峰方面起到重要作用。

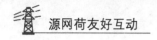

（二）商业负荷

商业负荷主要指小区配套的大型商场、宾馆、高级写字楼等商用设施负荷。由于商业负荷跟人们生活规律有密切关系，因此通常具有较强的时间性及季节性，如不同行业的上班日与休息日的安排有一定的差别，导致负荷曲线特性不尽相同；另外，由于商业设施中的城市照明及空调设备的大量使用，让商业负荷特性与季节、气温等因素有了更高的相关性。针对该类负荷预测时，需要将日平均气温，日最高、最低气温及湿度、气压等气象因子引入到数学模型中，从而获得适应其特点的柔性负荷控制方式。

（三）居民生活用电负荷

居民用电负荷主要是指为满足居民日常生活需求的家庭用电，其用电规律受到生活规律、气候环境、人口分布密度及居民收入水平等因素的影响，随着需求侧响应等方面政策的颁布及智能配电用电技术的发展，居民用电负荷将成为主动型智能小区中互动响应和智能用电的主体之一。目前城市居民生活中不可或缺的空调、电热水器、电暖器，及近年来普及的电磁炉等高功率电器，使居民用电总量有了进一步的增长，同时其受温度的影响也越来越明显。因此，居民用电也具有明显的季节性及时间性，其峰值通常会出现在同一天内。

（四）负荷侧的电价机制

峰谷分时电价：随着我国经济的快速发展，工业和居民对电能的需求量越来越大，对电能质量的要求也越来越高，这就导致了电能供需矛盾日益突出。与此同时，在一天之内，负荷的峰谷差也在逐步增加。在负荷高峰的白天，则需要开动大部分机组运行；在负荷低谷的夜晚，则需要关停大部分机组。这就导致了机组启停成本增大。因此，必须设置峰谷分时电价，削峰填谷，节约资源，提高效益，减少浪费。

阶梯式电价，顾名思义，是指电力系统为了提高用电效率，对电力市场的电价进行更加细致的划分，通常划分几个电量档次和阶梯，每个阶梯的电费会逐级递增。这种定价机制在国外比较流行，在国内也取得了很大的发展，一般根据各个地区的用电情况，可以将当地的阶梯式电价设定为三级阶梯。其中，将所在地区的基础电量设为第一阶梯，这一阶梯的电量比较小，单位电价比较低。随着用电量的逐级增加，可以设定第二第三阶梯，其单位电价也随之增加。这种阶梯电价既可以抑制一些高耗能的单位，又可以补贴一些低收入的用户，在一定程度上可以起到平衡电力市场的作用。

三、电网侧的柔性

(一) FACTS 装置的利用

FACTS(柔性交流输电系统)装置在电网中的应用非常广泛,通过这些装置,可以控制电网的潮流分布,改进系统稳定性。主要有静止无功补偿器、静止同步补偿器、晶闸管控制的串联控制器以及统一潮流控制器等。

静止无功补偿器(SVC)和静止同步补偿器(STATCOM)是用来调节母线上的电压,通过并联的无功补偿设备,调节设备输出电流是容性还是感性的。STATCOM 在调节能力上要优于 SVC,因为 STATCOM 能输出与系统电压无关的无功功率,且保持在额定无功功率上。

晶闸管控制的串联电容器(TCSC),可以对线路的输电功率进行调节。这种调节作用是通过对线路电抗值的调节而达到的。而且 TCSC 可以大幅度提高系统的功率极限,对电力系统的安全稳定性有很好的保障。

目前的统一潮流控制器(UPFC)是一种结合了并联和串联补偿两种方式的调节方法。可以通过不同的控制策略,不仅可以同时控制有功功率和无功功率,也可以调节两端的电压和相位。鉴于这种优秀调节特性,UPFC 通常用在紧急情况下的应急方案,保持系统的稳定性。

FACTS 装置虽然在电力系统中受到青睐,但是也面临着许多问题。例如:造价太昂贵,经济性不好;FACTS 装置提升电流能力有限,补偿效果有待提高;FACTS 装置和其他电力电子设备的兼容性有待加强。总体来说,FACTS 装置正在电力系统中得到很好的应用,使电网具备了很好的柔性特征。

(二) 电网规划的柔性

目前中国电力企业改革正如火如荼地开展,电力市场三大环节(发、输、配)中,输电的重要性不言而喻。如何权衡各方利益,保证电力系统安全稳定,这就需要对电力系统的规划做大量的研究。

在电网规划中,不确定性因素的影响,会使得规划方案不是最优,而且不能适应环境的变化。在大量分布式电源和柔性负荷接入的情况下,传统的规划方案不能满足要求,必须灵活地对电力系统进行规划。近年来,电网柔性规划方案取得了很大的发展,在计及不确定性因素的影响情况下,提出了不少柔性规划方法。最具代表性的有：随机规划方法、模糊规划方法、盲数规划方法、集对分析方法等。

随着可再生能源的渗透率增加，电网规划的柔性需求也相应增加，各类规划方法还存在不少不足之处，还需要做进一步的研究。

（三）电网约束的柔性

为了保障电力系统和电力设备运行的安全可靠性，必须对电力系统的各项技术参数进行约束，比如电力设备的容量大小、电压电流大小等。在传统电力系统中，这些限制条件是通过各种等式约束和不等式约束的形式表示出来的，而且其约束边界一般都是固定的，不可逾越的，使系统运行在一个可行域内。

这种刚性约束存在着很多不足之处。首先，电力系统的参数不是一成不变的，有的会随着环境或者人为等不确定因素出现调整，刚性约束不能及时做出响应。其次，刚性约束会造成很大的资源浪费，因为一般情况下刚性约束会过分强调系统的安全性而忽略系统的经济性，电力系统的潜力没有被完全发挥出来，造成约束边界太过保守，很不合理。

在主动配电网中，电网约束方面增加了柔性特征，在保证电网运行安全稳定性的前提下，合理调整原有的刚性边界运行条件，使之转化为柔性约束区域，并结合其他运行指标例如经济性、安全性等，灵活地确定其运行状态。

这种柔性约束，也日益成为电网柔性的一个重要方面，在提高电力系统运行效率方面，有很好的应用。

（四）柔性供电技术

与一般供电方式不同，柔性供电技术的主要特点是，充分考虑不同用户的需求，灵活地调整供电质量和供电形式，通过这种有差异的供电模式，实现供电系统的优化运行。相应的，为了提高电能质量的控制效果，对信息处理和控制设备的要求也较高。FEED 技术可靠性和灵活性很高，未来一定会在柔性电网中发挥更大的作用。

（五）柔性 SCADA 系统

大量分布式电源接入电网后，对电网的信息交流提出了更高的要求。传统SCADA 系统的通信方式是单一的固定的，而通过高速广域网和 IP 技术建立起来的网络化通信系统，能使数据交换变得更有效灵活，在任何时刻都能建立多点之间的通信，参见图 1.4。

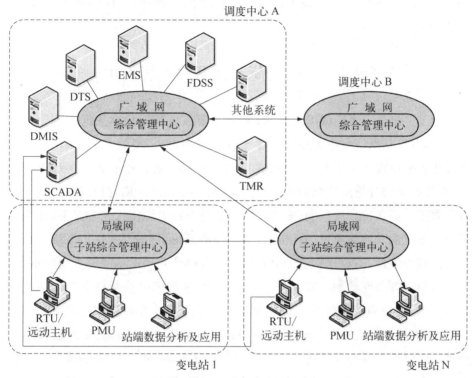

图 1.4 柔性 SCADA 系统

四、源网荷系统特点

资源聚合。聚合电力用户、分布式电源、电动汽车等海量负荷、电源、储能资源,通过对负荷资源的科学协调控制,提高电网的清洁能源接入能力,保障电网安全稳定运行。

精准高效。基于营配调一体化建设成果,通过对负荷资源的分类、分级、分区域管理,全面实现毫秒级、秒级、分钟级的精准控制,推动电力需求侧精益化管理,全面提升电网故障响应能力。

智能互动。应用大数据等前沿技术,建立负荷资源分析计算、预测控制模型,实现对负荷资源的智能化、一键式控制。完善与电力用户交互通道,支撑电力需求实时交易和响应,运用市场化手段调节电网资源配置。

安全可靠。落实国家电力监控系统安全管理规定,构建生产控制区域,实施信息安全防护策略,部署大规模供需友好互动系统,确保负荷控制操作的高效、安全、可靠。

第四节　源网荷友好互动系统作用

对于传统电力系统调度方式来说,其主要以负荷变化为依据进行发电侧电源的调度,从而实现电力系统功率平衡的目的,但需要注意的是,在调度的过程中主要以人工方式为主,并没有对电力系统安全和经济运行进行充分考虑,且没有全面分析调度周期内系统的复杂性,难以满足调度计划安全经济一体化要求。而在特高压电网、多样化负荷及分布式电源接入的背景下,传统调度调控方案的滞后性愈发凸现出来,为了提升系统运行效率,保证系统运行的安全性和可靠性,需要建立新的调控模式。源网荷互动系统能够实现电源、电网及负荷三者的互动利用在线安全分析技术、远程机组控制技术及柔性负荷控制技术,实现调度系统与电网的无缝衔接,在特高压电网出现故障的情况下,能够构建"电网→电厂→用户"的快速处理通道,实现故障的在线诊断,并根据实际情况在线生成系统运行及调度的优化方案,对省调、地调及营销进行自动化系统处理与控制,以此来保证互联电网运行的安全性和可靠性。对现有负荷侧负控系统的优化和改进能够提升负荷控制响应速度和精益化水平,实现选择性的负荷控制,在特高压电网事故处理的不同阶段,通过快速的负荷调节来保证电网运行安全,避免出现大规模直接拉限负荷的情况,从而尽可能降低故障影响和危害。

2017年5月24日,国内首套"大规模源网荷友好互动系统"在江苏完成首次实际操作,与其他常规保障措施一起,260 ms内填补了300万kW负荷缺口。作为国家电网一项重大技术突破,源网荷互动系统的应急处理速度从原先的分钟级提升至毫秒级,而且精准控制到用户的特定负荷,最大程度降低负面影响。该系统显著增强了大电网严重故障情况下的电网弹性承受能力和弹性恢复能力,大幅提升了电网消纳可再生能源和充电负荷的弹性互动能力。对于企业用户来说,将其生产线的用电交由供电公司控制,当电网面临紧急情况时可瞬间切除其非核心负荷,对企业生产及安全几乎不造成影响和损失。

上述事例表明江苏省大规模源网荷友好互动系统已经实现了对安装智能网

荷互动终端的电力客户的负荷快速控制。供需互动系统由用采模块、负荷管理模块和负荷快速响应模块组成。其中,负荷快速响应模块是实现负荷快速控制的核心部件,也是源网荷友好互动精准切负荷系统关键组成部分。负荷快速响应模块通过光纤信道连接智能网荷互动终端,互动终端安装在电力客户的用电侧,接入电力客户的各条进出线开关,实时监控各线路的负荷情况。负荷快速响应模块通过互动终端以毫秒级的间隔实时采集电力客户负荷数据,采集到的数据经过计算,透过物理隔离装置,传递到调度 D5000 系统及供需互动系统的负荷管理模块,作为负荷快速控制的研判依据。接下来将重点讲述源网荷友好互动系统的作用。

一、精准负荷控制与负荷快速响应

对于源网荷友好互动系统中的精准负荷控制系统而言,该系统针对特高压直流大功率失去情况下受端电网安全运行控制的难题,创新性地提出基于可中断负荷的特高压故障应急处置技术,应对故障后输电断面超稳定限额、联络线口子超用以及系统备用不足等问题,研发了直流故障预决策、次紧急下的负荷自动控制以及常规负荷辅助决策控制软件,改变了传统稳控装置以 110 kV 线路为对象集中负荷控制方式,以 35 kV、10 kV 生产企业为最小节点,以企业内部短时间可中断的 380 V 负荷分支回路为具体控制对象,通过负荷控制策略的在线优化计算,以及调度主站和营销负控的协同控制,在电网故障紧急情况(大功率失去)下既实现快速的批量负荷控制,确保大电网的稳定,同时又实现了负荷的精准、友好控制,避免了以往调度直接拉限电造成用户"全黑"引发的不良社会影响,提高了紧急控制的精细化水平,降低了传统基于离线预案调度存在负荷过控或欠控的风险,为大受端电网解决故障情况下电网频率问题提供了良好的解决方案,改善了安全稳定控制效果,最大限度地减少对用户停电的干扰,将电力用户的损失降至最小。

二、接纳能力分析与实时全方位监控

对分布式能源进行系统性分析,确定潮流及电压约束条件,进行静稳定及短路电压电流的实时性分析,对分布式能源并入区域网络进行经济性、可靠性、安全性三个维度的综合评估,确定局域电网对分布式能源并网接纳能力可行性分

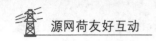

析。实时获取分布式能源发电信息现状,同时实现周边环境信息获取,如气温、风力、光照强度等。根据电气数据实时生成图形可视化潮流,方便电网调控人员即时判断分布式电源状态,实现分布式电源的全方位监控。

三、孤岛并网监控与主动协调控制

根据防孤岛保护配置情况确定局部电网的非计划性孤岛和计划性孤岛运行可行性,对具备孤岛运行的分布式网络实施并网控制及检测,科学合理安排分布式电源故障处理,确保电网运行安全的同时提升用户供电可靠性。根据当前电网运行状态对电网进行主动控制,如通过主配网协调冲击电流计算协调主配网进行大面积负荷转移;实施局部电网计划性孤岛供电;在负荷高峰时段进行计划性削峰填谷;当电网供电能力不足时及时介入需求侧负荷管理,实施有序用电等。

四、电能质量在线监测与运行状态实时评估预警

对分布式能源并网点电压及谐波情况进行在线监测。不同原理分布式能源对系统适应性及发电质量不同,通过对电能质量相关的谐波、电压等要素进行在线监测,及时反馈电网调控人员及客户,对设备或运行状态进行及时调整,确保周边用户用电可靠、稳定。通过各项电网实时数据及对未来、历史数据的综合分析,评估当前电网运行状态,包括紧急状态、恢复状态、异常状态、警戒状态、非经济安全状态、经济安全状态,并通过可视化图形信息进行直接展示,方便电网调控人员及时掌握电网当前运行状态及存在问题,为及时消除电网隐患及故障提供可靠技术保障。

五、发电功率预测与用电负荷预测

根据系统实时获取气象等信息,结合发电模块历史及实时运行状态,通过一定的算法实现分布式能源发电功率预测。根据预测结果合理调整当日全网发电计划,确保供用电负荷匹配,提升电网运行可靠性。以环境信息为基础,结合历史负荷特性及曲线,对未来一段时期电网用电负荷情况进行定量预测,确保合理安排发电机组出力,保障电网安全。

思考与练习

1. 推动能源发展清洁化、全球化、智能化是世界各国能源变革转型的战略方向，那么清洁化、全球化、智能化的含义分别是什么？

2. 传统电网与基于源网荷友好互动系统的未来电网的区别有哪些？

3. 大规模供需友好互动系统的建设目标是什么？

4. 源网荷系统的特点是什么？

5. 源网荷友好互动系统的作用主要有哪些？

第二章　源网荷友好互动系统的
相关政策及标准

　　大规模源网荷友好互动系统(即"源网荷系统")旨在通过电源、电网、用户三者的友好互动,促进清洁能源消纳,同时为大电网安全应急处置提供有益辅助和补充的系统。虽然国家层面尚未针对源网荷系统出台相关政策,但是江苏省作为这一系统的首个试点省份,已经出台了相关政策支持源网荷系统的发展。源网荷系统主要由电网侧系统中心站、电源侧出线开关和用户侧系统终端构成,中心站和系统终端之间通过光纤连接。当发生电网紧急情况时,源网荷系统可通过系统终端毫秒级自动跳开客户侧分路开关,保障电网安全。可见,在整个源网荷系统中,对系统终端的要求极为严格。因此,本章内容主要针对源网荷系统终端(以下简称为终端)工程及其建设管理和运维管理展开相应的研究,旨在为终端工程的建设及运维提供科学化、标准化的规范参考。本章内容明确了终端建设管理的管理职责、工程建设管理、安全管理、质量管理以及终端运维管理的职责分工、运行管理、巡视和维护、资产管理、安全管理、考核和培训等工作;提出了涵盖设备要求、检验、运输安装等内容的终端工程成套规范。

第一节　相关政策文件

一、国家层面政策文件

　　在国家层面相应政策文件主要有三个:一是中华人民共和国国民经济和社

会发展第十三个五年规划纲要(简称"十三五"规划纲要);二是能源发展"十三五"规划;三是电力发展"十三五"规划。

(一)"十三五"规划纲要

"十三五"规划纲要指出,要加快推进能源全领域、全环节智慧化发展,提高可持续自适应能力。适应分布式能源发展、用户多元化需求,优化电力需求侧管理,加快智能电网建设,提高电网与发电侧、需求侧交互响应能力。推进能源与信息等领域新技术深度融合,统筹能源与通信、交通等基础设施网络建设,建设"源—网—荷—储"协调发展、集成互补的能源互联网。

(二)能源发展"十三五"规划

能源发展"十三五"规划也指出,积极推动"互联网+"智慧能源发展。加快推进能源全领域、全环节智慧化发展,实施能源生产和利用设施智能化改造,推进能源监测、能量计量、调度运行和管理智能化体系建设,提高能源发展可持续自适应能力。加快智能电网发展,积极推进智能变电站、智能调度系统建设,扩大智能电表等智能计量设施、智能信息系统、智能用能设施应用范围,提高电网与发电侧、需求侧交互响应能力。推进能源与信息、材料、生物等领域新技术深度融合,统筹能源与通信、交通等基础设施建设,构建能源生产、输送、使用和储能体系协调发展、集成互补的能源互联网。

(三)电力发展"十三五"规划

在电力发展"十三五"规划中,又提出了发展"互联网+"智慧能源。将发电、输配电、负荷、储能融入智能电网体系中,加快研发和应用智能电网、各类能源互联网关键技术装备,实现智能化能源生产消费基础设施、多能协同综合能源网络建设、能源与信息通信基础设施深度融合,建立绿色能源灵活交易机制,形成新型城镇多种能源综合协同、绿色低碳、智慧互动的供能模式。

由此可见,"互联网+"智慧能源、能源互联网等不同称谓,实际是能源生产、输送、使用和储能体系协调发展、集成互补的现代能源体系,解决现有能源体系中生产、输送、使用不协调的状况,提高能源产业链的协同互动能力,提高整体能源效率。源网荷互动、智能电网等称谓是缩小版的"互联网+"智慧能源、能源互联网,专指现代电力体系而已。在三个国家层面的规划中,均提及相应问题,说明源网荷友好互动发展是电力行业技术升级发展的主要趋势和潮流。

二、地方层面的政策文件

源网荷互动作为电力行业新技术的发展方向,在中国并未大面积铺开。江苏省作为中国经济最发达地区之一,具有领先的电力技术研发、应用体系,江苏省在源网荷互动系统应用方面首先在苏州市展开,本部分所介绍的地方政策主要是江苏省苏州市的源网荷互动政策。

(一) 关于落实源网荷友好互动系统相关工作的函

为提高电网应对突发故障的能力,江苏省电力公司在苏州市建立了源网荷友好互动系统(以下简称系统)。苏州市委常委、副市长吴庆文对源网荷工作做了"请市经信委加强与供电的沟通,妥善制定相关方案,细化措施,确保安全"的批示。江苏省经济和信息化委员会(以下简称省经信委)《关于落实源网荷友好互动系统相关工作的函》(苏经信电力函〔2017〕56 号)也对相关工作提出了具体要求,要求指出供电公司在与接入系统的用户签订协议时,要认真抓好三点工作。一是加强宣传解释。切实做好用户的宣传解释工作,使每一个用户充分了解源网荷系统的详细情况,明确系统动作对用户用电产生的影响。全面告知用户补偿政策和标准、双方的权利和义务等,由用户自主决定是否签订协议、参与互动。二是选择合适负荷。在向用户详细宣传解释的基础上,帮助用户正确选择接入系统的用电负荷。用电负荷的选择必须坚持"安全生产是不可触碰的红线、不可逾越的底线"和不影响企业正常生产的原则,确定接入的必须是非生产性负荷,不得包含可能危及人身、设备安全以及可能造成经济损失或影响企业正常生产的负荷。三是做好沟通协调。加强与政府部门、各属地电力主管部门的沟通,签约企业、选择负荷等情况及时报备。

(二) 关于进一步深化电力需求响应工作的通知

实施电力需求响应,运用经济杠杆引导电力用户主动削减尖峰负荷,实现用户和电网之间互联、互动,对于促进电力资源优化配置,增强电网应急调节能力,缓解电力供需矛盾,推进智能电网发展具有十分重要的意义。为进一步深化电力需求响应工作,总结经验,完善机制,提升水平,江苏省经信委结合往年实施情况,发布了《关于进一步深化电力需求响应工作的通知》。该通知指出三个工作重点。

1. 不断完善需求响应机制

进一步完善需求响应体系,推动负荷管理科学化、用电服务个性化,严格执行相关政策法规和约定规则。既要保障电网可靠运行,又要不危及企业安全生产;既要保障需求响应工作的有效开展,也要做到对所有自愿参与用户公平公正。鼓励有条件的地区,探索采用 PPP 模式建设需求响应虚拟电厂,推动城市需求响应的规模化发展。进一步完善用户需求响应激励机制,根据响应方式、响应速度和响应时间细化补贴标准,原则上实时自动需求响应补贴标准是邀约响应的 3~5 倍,以挖掘需求响应潜力,创新需求响应模式。

2. 加快推进需求响应能力建设

优先将需求响应作为有序用电的前置手段及柔性方式,有效应对区域供电能力不足的矛盾。充分发挥电能在线监测系统的作用,在不影响用户正常生产的前提下,通过企业内部用电负荷的分级管理,将响应精细到每一台设备,充分挖掘非生产性负荷参与响应的潜力。提高非工业用户需求响应能力,建筑楼宇中央空调可在基本不影响正常运营和环境舒适度的情况下,削减 10%~15% 的高峰负荷,同时开展居民用户实施需求响应的试点。

加强工业用户实时需求响应能力建设;鼓励对工业用户中可中断或可快速中断负荷实施单独控制和改造,提高实时响应能力。推广张家港保税区、冶金园自动需求响应能力建设经验,以企业精细化管理能力为基础,充分调动负荷集成商和用户的积极性,按照电网削减负荷需求,弹性设置不同响应量、方式和时间,实现需求响应、电能监测和工业自动化系统联动,推动电力需求侧管理的技术创新和模式创新。对于存在电网供需矛盾的分区,应加快推进实时需求响应能力建设,快速响应负荷达到分区最大用电负荷的 5%~10%。

3. 稳步开展源网荷友好互动系统建设

2017 年,江苏省将有三条特高压直流线路建成投运,远距离大功率电能传输,对受端电网功率瞬时平衡能力提出了更高要求,在因为故障突然失去区外来电时,会对整个电网尤其是地区电网产生较大影响。为提高电网应对突发故障的能力,江苏省电力公司在苏州试点建设了源网荷友好互动系统。该系统通过对用户非生产性、可快速中断负荷进行实时监测和控制改造,当电网发生紧急情况时,系统将毫秒级自动跳开接入用户的分路开关,达到迅速降低用电负荷的目的。源网荷友好互动系统建设应该坚持以下原则:

(1)坚持企业自愿参与。用户应全面了解源网荷友好互动系统的功能,明确自身的权利、责任、义务及可能产生的影响,自主决定是否参与系统建设,并与电网企业签订相关协议。

（2）坚持市场化运作。系统改造由电网企业负责实施,不增加用户负担。电网企业告知用户补偿政策和标准,并在与用户签订的协议中予以明确。鼓励电能服务商发挥专业优势,承担企业分类负荷的监控改造,接入源网荷系统,并按照标准和协议取得相应收益。

（3）坚持确保用电安全。用户应根据自身生产工艺和设备情况,选择合适负荷接入源网荷系统。接入负荷应为非生产性负荷或一般性辅助生产负荷,不得影响企业正常生产,不得包含可能危及人身、设备安全以及可能造成经济损失的负荷。

（4）坚持充分友好沟通。政府部门和供电公司应做好用户的宣传解释工作,使每一个用户明确系统的功能以及系统动作带来的影响,充分了解并自愿参与源网荷友好互动系统建设。电网企业应加强系统建设和运行维护,指导和帮助用户做好内部负荷接入改造,确保企业用电安全。

第二节　建设管理规范

一、管理职责

各省公司营销部是其所属省份全省终端建设的归口管理部门,负责全省终端的建设管理;负责对地市公司终端建设进度、施工质量等工作进行监督考核。各地市公司营销部是本单位终端建设的归口管理部门,负责终端的建设全过程管理;负责对县市、县公司终端建设进度、施工质量等进行监督考核;负责组织编制、上报本单位储备项目,组织开展本单位项目实施、竣工验收、结算和评价工作;负责对本单位项目计划的执行情况进行检查和总结分析。各县市、县公司营销部是各县市、县终端的安装归口管理部门,负责管辖范围内终端的试挂测试、现场安装、采集调试以及日常维护;负责施工质量、建设进度、工程验收等工作。

计量处负责终端检测、安装等工作的全面管控,统筹协调终端建设中的各项事宜;负责终端建设工程项目储备,审查核批项目可行性研究报告,指导协调并监督检查工程项目的实施,组织进行工程项目验收和评估工作。计量室还要负责终端建设全过程管控;负责制订施工方案、组织施工和进行施工质量和施工进度管控;负责协调组织对不满足接入要求的开关等设备进行改造更换;负责施工单位招标管理和考核;负责终端建设工程的设计及施工方案审核,组织终端调试及与营销主站系统的通信联调等。

市场处负责研究和制订源网荷互动系统激励政策;负责制订和完善源网荷建设用户负荷接入的要求。市场及大客户服务室负责新装或增容工业用户的用户调研、可中断负荷确定、签约回路开关选定、终端安放位置确定及协议签订等;负责组织现场勘查设计、与用户确定协调停电时间和停电范围以及其他需与用户协调的事宜。

营业与电费室负责存量用户的用户调研、可中断负荷确定、签约回路开关选定、终端安放位置确定及协议签订等;负责组织现场勘查设计、与用户确定协调停电时间和停电范围,以及其他需与用户协调的事宜;负责组织开展施工验收工作,并在验收合格后开展终端周期巡检和专项巡检。

二、工程建设管理

(一) 用户调研

地市各市、县公司市场及大客户服务室(营业与电费室)负责开展新装、增容用户(存量用户)的前期调研,调研用户的可中断负荷所在出线开关、负荷量、负荷性质、可中断等级以及允许中断供电时间;负责确定用户认可的不影响用户生产或允许瞬时中断的负荷接入系统。

新装用户在内部受电工程图纸设计审核阶段,地市各市、县公司市场及大客户服务室应指导用户将可中断负荷集中于单个分路或多个分路,并预留终端柜安装位置,终端安装位置的选择应不影响用户后期增容扩建。

地市各市、县公司市场及大客户服务室(营业与电费室)在用户调研期间应该全方位调研用户生产负荷、用电设备、生产工艺和流程特点,按照表 2.1 填写《用户调研情况表》。应该与客户对接收集相关资料,主要包括用户变电所原始设计的资料(一次、二次)、开关柜厂家出厂时附带的一次、二次图、变电所竣工图(电气部分)等。应该做好用户的宣传告知工作,根据《客户负荷互动避让协议》相关条款要求,坚持平等自愿的原则与用户确定签约回路,并在签约回路开关上设置签约标签(标签格式参见图 2.1)。应该在用户调研结束后七日内,将加盖单位公章的《客户负荷互动避让协议》送达用户,指导用户签订《客户负荷互动避让协议》并及时回收协议,并完成系统签约回路信息录入工作。

表 2.1　　　　　　　　　　　用户调查表

用 户 基 本 信 息			
用户编号		用户名称	
供电电压		用户联系人	
联系电话		电源数目	
合同容量(kVA)		用电地址	

接 入 回 路										
出线开关编号	开关名称	主要用电设备	电压等级	TA		开关是否能够电动控制	开关是否具有变位指示	正常用电负荷	负荷性质	允许中断供电时间	立即中断影响
				是否完备	参数						

填 表 人 信 息			
填表人		联系电话	

填写说明:
1. 用户每个开关需至少具备 A 相、C 相 TA,若满足要求则为完备,请在"是否完备"处"√";否则请在"是否完备"处打"×",并在"参数"处填写 TA 变比和数量;
2. 当用户开关不具备电动操作机构,请在空白处记录开关型号。

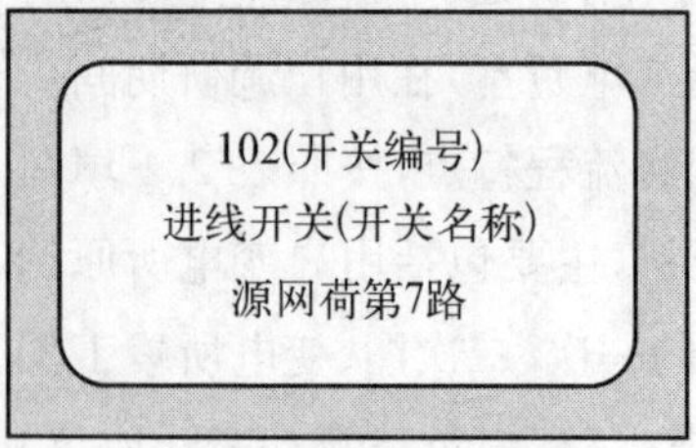

图 2.1　开关标签格式

（二）现场勘查

（1）地市各市、县公司市场及大客户服务室(营业与电费室)应在用户协议返回之后三日内,组织地市各市、县公司计量室、施工单位、设计单位进行现场勘察设计,并完成现场勘查表。

（2）地市各市、县公司计量室应按照已签订的协议制订施工方案,对于需改造的用户开关、互感器确定改造方案;对需要

26

开展 400 V 低压侧延伸改造的用户确定 400 V 低压侧延伸改造方案。

（3）地市各市、县公司市场及大客户服务室（营业与电费室）与用户协调确定停电时间和停电范围，地市各市、县公司计量室按照停电时间和停电范围制订终端施工方案。

（4）地市各市、县公司计量室组织施工单位和设计单位共同负责确定内部电缆走向、总降变至分配电房通道走向，查看电缆通道是否留有足够的空间便于负控电缆的施工，如无法满足，由市场室或营电室与用户协调其他路径。

（5）地市各市、县公司计量室组织施工单位与用户签订《施工安全协议》。

（6）地市各市、县公司计量室组织施工单位开展用户侧与对侧变电站光纤通道确定，光纤通道未到位的用户由地市各市、县公司计量室联系信通公司确认通道敷设方案；地市各市、县公司计量室根据现场签约回路负荷分布特点合理选择光纤通道通信方案（4G 无线专网技术论证可行后，可选择采用 4G 无线专网），信通公司为新接入可中断用户建设数据通信通道。

（三）图纸设计与审查

（1）设计单位应在现场勘查后五日内完成图纸设计，并将设计的纸质图纸和电子图纸（PDF 格式）提交至市场及大客户服务室或营业与电费室审核。

（2）图纸审核的内容包括图纸与现场勘察结果的一致性、材料清单的完备性。图纸审查不合格由设计单位修改，直至审查合格为止。

（3）图纸审查合格的由地市各市、县公司市场及大客户服务室（营业与电费室）上传至用户用电采集系统中。

（四）现场施工

（1）地市各市、县公司计量室根据现场勘查情况按照停电时间和停电范围组织施工单位、设备供应商制订施工计划，施工进场前三天与用户再次确认停电时间，若用户因自身原因导致停电时间延期，地市各市、县公司计量室联系地市各市、县公司市场及大客户服务室（营业与电费室）与用户协调确定停电时间。

（2）地市各市、县公司计量室组织施工单位按照施工方案在停电施工前做好充足的准备工作，无需停电的工作应在停电前预先完成施工，确保停电工作在用户协商确定的停电时间内完成。

（3）涉及 400 V 光纤延伸的用户，供货商应在图纸审核合格后 10 日内供应网荷子单元和智能仪表至各级供电公司。若距停电时间不足五日，应在停电施工之前供应到位。

（4）地市各市、县公司计量室组织协调设备供应商按施工计划提前派驻调试人员，于停电施工当日配合施工，完成本地 IP 地址、网关、跳闸矩阵等终端的本地配置，完成签约开关的传动试验及采样核查。

（5）对于外部通信通道已开通的用户，地市各市、县公司计量室组织协调设备供应商在现场施工完成调试之后与主站进行联调。由主站录入建档信息以及完成审核确认。对于外部通信通道未开通用户，应在外部通信通道接通后 7 日内完成与主站联调及审核工作。

（6）地市各市、县公司计量室在现场施工调试完成后，应根据签约回路投入相应回路硬压板，设备供应商应根据硬压板投入情况设置跳闸矩阵定值，地市各市、县公司计量室负责现场确认跳闸矩阵定值，硬压板投入、跳闸矩阵定值与签约回路须三者一致，地市各市、县公司计量室完成主站建档信息表并上传系统。

（7）施工单位和设备供应商应当在施工调试结束后完成现场清理、确保现场整洁、无遗留物件。施工单位和设备供应商应协助用户恢复用电。

（8）地市各市、县公司计量室应在现场施工调试完成后一个工作日内联系地市各市、县公司市场及大客户服务室（营业与电费室），通知设计单位设计竣工图，设计单位在接到通知后五天内完成竣工图设计，地市各市、县公司市场及大客户服务室（营业与电费室）在系统内完成竣工图上传，参见图 2.2。

（五）竣工验收

（1）源网荷工程的验收应在施工完成后五个工作日内完成，地市各市、县公司计量室应提前一日通知市场及大客户服务室（营业与电费室）进行工程现场联合验收。

（2）验收合格的用户应填写工程验收单（参见表 2.2），验收不合格的用户，应由施工单位现场整改直至合格为止。

（六）归档移交

（1）工程验收合格以后，营业与电费室确定巡检周期，并制订巡检计划，开展日常巡视管理。

（2）地市各市、县公司市场及大客户服务室（营业与电费室）负责用户档案材料的归档，包括用户调研情况表、客户负荷互动避让协议、现场勘查表、工程验收单、竣工图等。

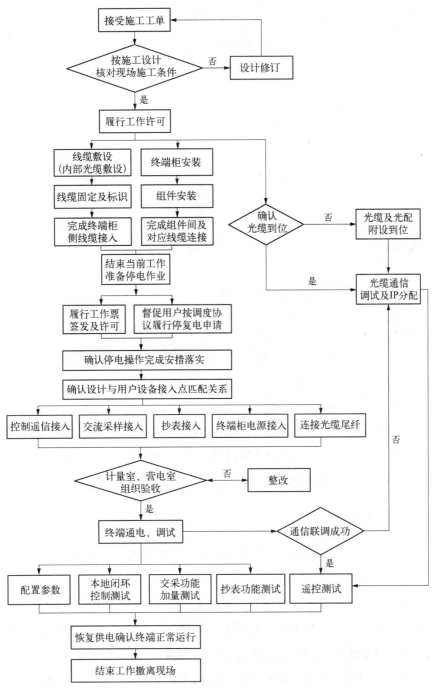

图 2.2 源网荷互动终端施工流程

表 2.2 工程验收单

源网荷互动终端工程验收单			
总户号		用户户名	
容 量		电压等级	
用户地址		用户坐标	东经(E)： °，，，，
			北纬(N)： °，，，，
客户联系人		联系电话	
施工单位		施工负责人	
验收结论		□合格　　□不合格	
验收人	营电室人员		
	计量室人员		
验收日期		年　　月　　日	

（3）对于新装、增容用户，地市各市、县公司市场及大客户服务室在用户档案材料归档后，应在用户受电工程投运后将档案材料作为业扩报装材料移交营业与电费室，纳入用电检查档案管理。

（4）竣工图应完成纸质和电子归档。竣工图纸质档案应一式两份，各级供电公司、用户各留存一份，同时提供电子版图纸一份给技术支持厂商。

源网荷友好互动终端建设管理流程，参见图 2.3 所示。

三、安全管理

现场施工必须符合国家有关标准和电力行业标准，并由具备相应的承装（修、试）资质的施工单位承担。

各级供电公司应与施工单位签订施工安全协议，明确双方安全责任。

施工单位必须出具参加施工的所有工作班人员及工作负责人名单，名单所列人员必须参加供电公司安监部门组织的安规考试，合格后方可上岗。工作负责人（监护人）由施工单位中富有工作经验的人员担任，工作负责人应按要求办理工作许可手续，履行开工会、收工会制度，对工作的全过程进行监护，以保证工

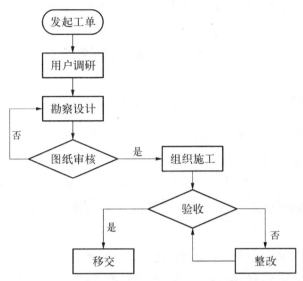

图 2.3　源网荷友好互动终端建设管理流程

作人员的人身安全和设备安全。工作班成员应熟悉工作内容、工作流程,掌握安全措施,明确工作中的危险点,并履行确认手续。

施工人员队伍必须保持稳定,如有变动须预先得到供电公司管理部门的同意。

现场工程施工必须严格执行《电力安全工作规程》和《电力建设安全工作规程》有关要求,认真开展危险点分析,落实安全预控措施,作业现场做到"四明确"(工作任务明确,工作地点明确,带电部位明确,安全措施明确)、"四检查"(作业人员开工前检查设备名称、编号是否与"两票一卡"一致,检查设备电源是否确已断开,检查工作地点与带电设备距离是否达到安全距离;检查工作地点是否在安全保护范围之内)。

开工前,施工单位必须向用户了解设备运行状态,履行工作票手续,做好现场安全措施。涉及电网设备状况的改变必须得到调度部门的许可,并由电网运行维护单位实施。

四、质量管理

源网荷系统工程的施工工艺及技术标准应符合国家电网公司和省公司相关

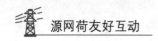

规定,加强质量过程管控,按照国家电网公司优质工程标准建设。

第三节 运维管理规范

一、职责分工

各省公司营销部是所属省份全省终端运行、维护管理的归口管理部门,负责终端设备的专业管理;负责全省终端及其配套用户侧交换机、用户侧加密装置等设备的技改、修理项目管理;负责组织制定终端技术和运行管理规范;负责全省终端的运行、维护、质量管理、技术培训等;负责对地市公司终端运行维护工作进行监督考核。

省电科院计量中心负责协助省公司营销部开展全省终端的运行、维护、质量管理等;负责终端资产的全寿命周期管理;负责监视全省终端的日常运行情况,包括终端在线率、通信成功率、数据完整率等;负责监视全省源网荷系统相关加密装置的日常运行情况;负责组织地市公司营销专业人员进行切负荷系统业务培训及提供技术支持。

地市公司营销部是各地区终端的归口管理部门,负责各地市终端的运行、维护、质量管理、技术培训等;负责对县市公司终端运行维护工作进行监督考核等。

县(市)公司营销部负责本地区终端的管理、运行、维护和应用,包括终端的数据采集、业务派发、故障分析、档案管理等运行工作;负责组织开展终端的现场检修、维护、巡视等工作;负责终端相关资产管理工作;负责终端接入方案的调整、用户负荷接入管理、需求响应和有序用电管理等;负责本地区终端运维涉及用户的沟通协调工作;负责终端抄表数据发行示数的审核工作等;负责用户源网荷协议变更签订,并配置终端跳闸矩阵;负责特高压直流满送期间终端运行状态的变更。

其中,营销部内各单位职责分工如下:

计量室按照属地化原则,负责用户侧光纤接入交换机、纵向加密装置以及终端的运维检修;负责监视辖区内终端的日常运行情况,包括在线率、通信成功率、数据完整率等;负责辖区内终端的采集准确性,包括遥信、遥测数据及计量装置数据等;负责终端相关资产管理工作;负责辖区内终端、用户侧交换机、用户侧加密装置的项目上报,包括终端资产、备品备件、工器具、技改、修理及升级项目;负责特高压直流满送期间终端状态变更工作;负责Ⅰ、Ⅳ区交换机连接至光配的尾纤(不含光配)、网络链路(含联络尾纤或尾缆)的运维以及营销主站运维和监控;负责终端运行、维护中跨部门协调工作。

市场及大客户服务室负责本地区终端接入方案的调整、用户负荷接入管理、需求响应和有序用电管理等;负责变更签订用户源网荷协议,并依据用户签约回路配置终端跳闸矩阵,用户签约路线变更流程如图2.4所示。

营业与电费室负责本地区终端运维涉及用户的沟通协调工作;负责终端抄表数据发行示数的审核工作等;负责终端及配套设备的周期巡检工作。

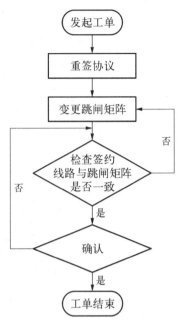

图 2.4 用户签约线路变更流程

二、运行管理

国网地市各市、县公司应制定本市、县的终端运行管理及常规故障处理机制,并制订周密的应急预案,确保系统能应对异常突发事件。源网荷互动系统终端故障处理流程可参考图2.5。

地市各市、县公司计量部门主要负责以下工作并按周、月对采集系统的异常情况及消缺情况进行统计,形成周、月报数据。

负责开展值班运行工作,主要包括电能信息采集、数据分析、系统档案维护、错峰方案执行,预购电参数设置、各类异常事件监测等。

负责主站终端状态的日常维护管理,主站系统终端状态主要包括运行、暂停、故障、待拆和遗失状态。其中,运行状态是指终端完成调试并接入主站系统后,终端进入常态运行监控中;暂停状态是指因用户全容量暂停、用户内部改造扩建等原因造成终端不在线,应在系统内对相应用户状态人工置为"暂停"状态;故障状态是指因终端故障、通信中断而非用户停电造成的终端无法短期修复的状态,应发起故障处理流程工单,若研判为通信故障则协调信通等部门处理,若

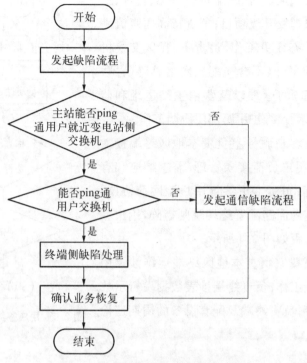

图 2.5　源网荷系统终端故障处理流程

研判为终端故障以及屏柜以外用户侧相关设备原因则由计量部门处理;待拆状态是指因用户销户或搬迁、终端准备拆除,应发起终端拆除流程,迁移用户拆除流程完成后应发起新建流程工单;遗失状态是指因用户原因造成的终端设备被盗、丢失等,应在系统内对相应用户状态人工置为"遗失"状态,并完成终端相关的资产登记管理工作,并上报省公司。

在特高压直流满送期间负责终端状态改变的硬/软压板投退工作,具体投退流程可参考图 2.6。终端运行状态包括可控状态和信号状态。可控状态是指总出口软压板投入,能接收负荷控制指令并出口跳闸;信号状态是指总出口软压板退出,能接收负荷控制指令并能执行预置操作,但不出口跳闸。

组织运维中标单位每日监控主站各类软硬件、数据库、系统服务等运行情况,及时发现故障并通知相关维护人员进行检修,当发生系统级故障时,应及时上报省公司营销部。主站软件、数据库维护人员应定期进行各类主站软件和数据库的备份与恢复测试、性能检测与技改调优;定期检查程序目录、文件状态,对

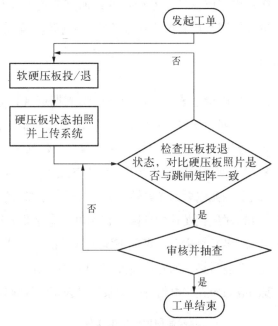

图 2.6　源网荷互动终端软硬压板投退流程

程序日志、进程运行情况分析与检查,负责开展主站运维管理工作。组织运维中标单位每日监控系统运行情况,包括主站工作模式、终端运行状态、终端在线率、数据采集情况、跨区同步情况等。当发现省级数据异常时,应及时进行异常初步的判断与分析,并及时上报省公司营销部。异常情况主要包括:主站工作模式异常变更、终端运行状态异常变动、终端在线率突降、数据采集或同步异常中断等。组织运维中标单位每日监控系统关键业务数据,如终端不在线数量、系统实时负荷与签约负荷、营销控制大区与管理信息大区间的跨区同步时间等。当发现关键业务数据异常时,应及时组织相关运行维护人员进行异常分析与排查,当发生异常持续时间较长或无法处理的情况时应及时上报省公司营销部。异常情况主要包括:不在线终端数突增、实时负荷或签约负荷突变、跨区同步时间突增等。

　　各供电公司营销部应协助用户制定源网荷系统动作后的应急方案,适时开展演练,协助用户有序恢复负荷。当源网荷终端在可控状态时,各供电公司营销部应加强客户侧网荷终端巡视检查工作,确保用户接入回路安全、稳定、可靠。

　　地市各市、县公司市场及大客户服务部门应根据客户负荷互动避让协议变

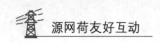

更内容,在两个工作日内完成营销主站用户签约回路变更以及相应终端跳闸矩阵配置,并通知计量部门同步更新用户现场签约回路标签和硬压板状态。

三、巡视和维护

地市各市、县公司用电检查班负责制定终端的周期巡视计划。终端现场巡检每年应不少于两次,周期巡视时,检查人员持用户终端巡检工作单(见表2.3)对用户现场终端运行情况进行核对,现场巡视内容主要包括终端运行情况、终端报警信息、通信设备、签约回路硬压板状态及用电设备接入情况、接入回路状况等,巡视设备应包括交换机、两兆以太网光电转换装置等通信设备,巡视记录应在一个工作日内录入营销系统,对巡视发现的故障应在用电信息采集系统发起相应的故障处理流程。迎峰度夏(冬)、恶劣天气期间或重大活动前,市、县公司用电检查班应结合专项巡视计划,开展对终端的专项巡视,巡视记录应在一个工作日内录入营销系统,对巡视发现的故障应在用电信息采集系统发起相应的故障处理流程。

表2.3 源网荷用户巡检工作单

用户基本信息			
用户编号		用户名称	
供电电压		用户联系人	
联系电话		电源数目	
合同容量(kVA)		用电地址	
源网荷终端运行状态信息			
终端状态		终端控制状态	软压板
源网荷终端设备检查情况			
设备类型	是否异常	异常情况	
终端设备			
Ⅰ交换机			
Ⅳ交换机			
加密装置			
2M光电转换装置			
光缆及其他部分			

续　表

源网荷终端签约回路检查情况											
签约回路	签约回路名称	主要用电设备	负荷性质	立即中断影响	跳闸矩状态	硬压板状态	接入开关状况	回路接线状态	接入用电设备是否变化	TV、TA状况	其他检查

源网荷终端巡检结果		
是否需发起故障流程	故障信息	责任单位
检查人	检查时间	
客户签字	客户联系方式	

　　地市各市、县公司计量部门应编制远程巡视计划,至少每半年核查一次系统档案和数据,按照计划从主站端远程采集终端全部数据项及透抄全部电表数据项,并进行比对分析,形成核查记录,及时处理发现的问题。

　　计量部门负责用户侧线路开关、TA、TV等相关设备的现场检修、维护,若有变更应及时通知运维单位更新用户终端档案。

　　计量部门应该加强对预购电用户终端的远程巡视和维护工作,保证终端运行状态。已开通预购电业务客户的终端,当发生持续 6 h 处于不在线或故障状态,应立刻发出现场检修工单,当天完成故障处理,最迟不得超过 24 h,并做好相应记录。对非预购电用户终端异常情况,应在两日内赴现场查明原因并进行处理,现场处理完成后在系统内填写处理记录,并在远程通信验证无误后归档结束相应流程。若现场判断为电能表故障,应发起流程通知相关班组作换表及电量退补处理。

　　计量部门应该做好终端的日常维护消缺工作。负荷管理终端如出现异常情况,应在两个工作日内到达现场查明原因并完成处理。对于实行终端预购电和出现控制异常的客户,必须在发现异常的当天处理完毕,不得拖延。

　　计量部门应监视终端在线状态和运行状态,及时协调处理日常工作中的业务流程；对终端持续不在线或故障状态、电能表抄收不到数据、现场通信装置故障等问题应及时发出工单进行现场检修。发现或接到用户提醒终端异常时，应及时分析故障现象，快速研判并发起故障流程工单。若研判为终端故障，应通知运维单位对故障设备进行检修处理；若研判为通道故障，应联系通信、自动化等部门进行故障处理。

计量部门应根据当地电网具体情况并结合一次设备的检修组织设备供应商开展年、季、月的装置检验。源网荷终端检验分为三种：新安装终端的验收检验、运行中终端的定期检验（简称定期检验）、运行中终端的补充检验（简称补充检验）。当新安装的一次设备投入运行时或者当在现有的一次设备上投入新安装的装置时，需要进行新安装终端的验收检验。定期检验周期计划的制订应综合考虑所辖设备的电压等级及工况，按标准要求的周期、项目进行。在一般情况下，定期检验应尽可能配合在一次设备停电检修期间进行。新安装终端投运后一年内必须进行第一次全部检验。终端每五年一次全部检验（全部检验不包含终端屏柜外的二次回路）。屏柜外的二次回路检验原则上在五年周期内用户停电情况下进行补充检验。运行中终端的补充检验的形式分为六种。分别是对运行中的终端进行较大的更改或增设新的回路后的检验；检修或更换终端接入的一次设备后的检验；运行中发现异常情况后的检验；事故后检验；用户停电配合的二次回路检验及开关传动试验；已投运行的终端停电一年及以上，再次投入运行时的检验。

运行中终端的补充检验内容主要有以下四点：一是因检修或更换终端接入的一次设备（断路器、电流和电压互感器等）所进行的检验，应由市、县公司计量部门根据一次设备检修（更换）的性质，确定其检验项目。二是运行中的终端经过较大的更改或装置的二次回路变动后，均应由市、县公司计量部门进行检验，并按其工作性质，确定其检验项目。三是凡终端发生异常或不正确动作且原因不明时，均应由市、县公司计量部门根据事故情况，有目的地拟定具体检验项目及检验顺序，尽快进行事故后检验。检验工作结束后，应及时提出报告，按设备调度管辖权限上报备查。四是在用电用户停电时，可安排对终端屏柜外二次回路进行检查以及开关传动检验。原则上该项检验在定期检验所规定的五年内检验一次。

运行中的终端装置视同计量监测装置管理，客户如发生擅自改变运行状况及接线方式等行为均视为违约用电，按违约用电相关政策进行处理。

四、资产管理

终端设备应该纳入营销资产管理,省计量中心应指导市、县公司做好设备验收、入库、库房管理、出库、报废等工作,实现设备的全寿命周期管理,各单位应建立健全系统设备台账管理。当用户迁移时,市、县公司计量部门应做好终端设备的迁移和安装施工工作,并在系统中及时更新用户信息。当用户要求拆除终端设备时,市、县公司计量部门应回收终端设备至物资供应部门,并在系统中做好信息维护。

终端设备报废应履行报废处理手续,报废系统设备资产应办理退料手续,退至物资供应部门处理,并在系统中及时做好报废日期、报废原因等信息维护工作。

地市各市、县公司计量部门应建立终端质量档案,在采集系统内根据运行故障率和故障更换情况按设备供应商及产品批次进行质量跟踪管理,发现重要缺陷或批次整体性质量问题应立即向省公司营销部汇报。在迎峰度夏(冬)期间,保证充足的备品备件,安排技术人员和车辆提供现场应急服务,终端故障在三个工作日内处理完毕。

源网荷终端设备正常运行周期为十年,不应超期运行。地市各市、县公司应根据终端使用寿命和现场实际运行故障率制订终端轮换计划。

五、安全管理

地市各市、县公司计量部门应按照《电力安全工作规程》和所属省份相关规定开展终端日常运维工作,正确实施涉及作业人员人身安全的组织措施、安全措施和技术措施。在未停电情况下,对终端进行检修维护、故障处理等作业时,严禁单人作业。必须严格执行保证作业人员安全的组织措施、安全措施和技术措施。工作票由作业人员所在单位有权签发工作票人员签发。签发工作票前,工作票签发人应到现场检查核对现场设备和接线正确无误。

工作负责人工作前应持票与客户停送电联系人联系,按照《电力安全工作规程》规定,严格履行工作许可手续,工作许可人由客户停送电联系人担任。工作负责人在工作前应会同工作许可人对客户所做的安全措施进行全面检查,检查工作票所列的安全措施是否正确完备,是否符合现场实际,有无突然来电的危险。在工作许可人交代完安全措施的布置,并验明停电设备确无电压并签字后,方可开始工作。如客户确因人员技术水平限制,不能满足规程要求时,工作负责人应帮助客户按照票面要求,共同完成各项安全技术措施,保证作业安全。工作负责人在协助客户做好安全措施过程中,必须严格执行《电力安全工作规程》,做好验电和接地措施,防止触电伤害。

六、考核与培训

各级终端主管部门应按照"分级管理、逐级考核"的原则,健全终端管理考核制度、考核指标、考核方式、奖惩办法等,对下属单位终端管理的质量进行监督、检查和考核工作。应该定期对系统的运行管理情况考核评价。考核指标包括:数据日均采集成功率、投运终端巡检完成率、故障排除(周期)率。要组织运维人员的业务培训,加强专业交流,提高运维人员的专业技能水平。涉及终端运行、维护、应用的各类报办事项均应通过管理信息系统流程发起,运行单位对报办事项归口进行数据二次采集、故障初步判断,分类分配派单,责任单位负责按流程时限完成处理任务。

各省、市公司营销部分别对地市各市、县公司开展终端运行专业考核、维护专业考核、应用专业考核、培训考核、专项考核(工作指标、安全性评价、劳动竞赛、工作互查)等工作。

第四节　终端工程规范

一、柜机结构要求

(一) 柜体外观结构要求

柜体前后门均为内嵌门,前门为上下两扇可单独开启的门轴在右、门锁在左的玻璃门,采用气压杆控制开度开启角大于120°,后门为对开门。

柜体前面上门为用户可自由开启的门,需要带可关门用的搭扣;下门为用户不可单独开启的门,需要带门锁或具备铅封措施。

柜体和所有门、内部结构件应连成一体。柜体颜色应与安装处(用户变电或配电房)其他相邻屏柜颜色一致。采用国标色,推荐使用 Z32(清灰色),Z44(浅驼色)作为备选色。

柜体结构的顶部应设置供搬运的起吊装置。

柜体结构不应松动和变形,标准紧固件及零部件不应松动或脱落。壳体和机械组件应具有足够的机械强度,在运输、安装、操作、检修时不应发生有害的变形。

柜体及结构件表面应没有影响质量和外观的凹凸、毛刺、锈蚀等缺陷,漆膜表面应平整均匀,无明显流痕、透底漆、刷痕、擦伤及机械杂物,且焊缝无夹渣、焊裂、焊穿。

（二）结构尺寸要求

柜体应采用电力系统继电保护及安全自动装置用通用型机柜。尺寸符合GB/T 7267 中 4 的尺寸要求,推荐使用 2 260(H)×800(W)×600(D)尺寸,如现场的屏柜高度为 2 360 mm,应为屏柜加一个 100(H)×800(W)×600(D)定制底座。

为便于网荷互动终端等设备的安装,采用标准上架式机柜,即柜内面板采用符合 GB/T 19520.1 中 2 的标准 19 in(482.6 mm)宽,按 U(1.75 in 或 44.45 mm)为增量尺寸的面板,机架采用符合尺寸 GB/T 19520.1 中 4 的机架尺寸。

柜体的高度、深度尺寸偏差不应超过 3 mm,宽度尺寸偏差不应超过 3 mm,前后左右侧面、底面对角线尺寸偏差的绝对值不应超过 3 mm。

柜门、面板的凹凸度在每 1 000 mm 范围内不应超过 3 mm,相邻两个平行边尺寸的偏差绝对值不应超过 3 mm。

内部结构件及附件等安装应满足 DL/T 720 中 4.3.3 的要求。

二、设备配置要求

（一）主要设备配置

设备配置清单数量参见表 2.4。

表 2.4　　　　　　　　　　　　设备配置

序号	设 备 名 称	型　号	数量	备　注
1	网荷互动终端	FT-8605	1	根据需要配置 1 台
2	网络通信交换机	H3C	1	Ⅰ区网络通信用
	网络通信交换机	H3C	1	Ⅳ区网络通信用

序号	设 备 名 称	型 号	数量	备 注
3	VOIP 电话(对讲广播)	SPON	1	喊话对讲用(可选配)
4	电源适配器	48V2A	1	电压转换用(组屏提供)
	电源适配器	24V2A	1	电压转换用(组屏提供)
5	(终端)纵向加密盒	WST	1	终端Ⅰ区通信用
6	光配盒		1	光纤熔接用

（二）设备布局要求

为确保设备布局合理,安装拆卸更换容易、操作方便,将用户可操作查看部分与不可操作查看部分进行合理的区分。在屏前上部区域规定为用户可操作区域,布置设备:网荷终端、VOIP 电话(对讲广播)。屏前下部规定为用户不可操作区域,布置设备:交换机、电源空开、回路操作压板、禁控开关等设备,用户在不可操作区域可观察设备状态。其他设备如电源适配器、纵向加密盒、光配盒、插座等附件安装在屏后相应的区域。

为防止用户的不当操作引起设备不正常工作,在屏前下部(不可操作区域)、屏后均设有门锁,正常运行时上锁,钥匙由专人负责保管,必要时可开锁维护。

（三）通信设备配置要求

根据相关规范和工程实施要求,进入保护屏柜内的通信网络通信介质为单模光纤,Ⅰ区网络光纤和Ⅳ区网络光纤必须明确标识和区分。

为源网荷互动终端接入Ⅰ区和Ⅳ区通信网络独立配置两层网络交换机各一台,交换机应明确标识网络标记。交换机具备单模光纤标准接口(推荐使用 ST 接口、SC 接口、LC 接口),交换机 RJ45 接口数量应满足用户侧终端、话筒对讲、语音告警等需要,至少为四口。

交换机电源配置应推荐使用直流 220/110 V,或 48 V/24 V 工业交换机。或可接入交流 220 V 商用交换机。

（四）其他设备配置要求

应根据用户电能信息采集的要求,为现场配置话筒对讲所需的 VOIP 电话。

应根据设备供电电压和设备运行需要配置所需的电源空开,配置相应的

48 V直流、24 V直流电源适配器,确保交流220 V(或直流220 V/110 V)、直流48 V、直流24 V电源都具备,满足交换机、终端遥信电源、纵向加密盒等各种设备所需的电压,各路电源具备可独立断开的专用空开。

为满足网荷终端设备通信的要求,配置所需的光配盒预留安装位置,同时提供相应接口足够数量的光纤跳线、网线和通信电缆。

为满足网荷终端设备采集、控制的要求,配置相应数量的电流回路、电压回路、信号回路的接线端子,为输出回路配置相应的回路压板。

配置满足禁控要求的相应操作开关或把手。

配置四孔或以上交流插座一只,且每孔电源可单独开断。

如配置有散热风扇,应为风扇配置相应的温控开关,温度预设范围应在40～60℃间,风扇在高于设定温度时应能正常启动运行,低于设定温度后应能自动停转,防止因风扇长期运转工作而导致的提前损坏,或风扇内部短路导致的失电。

三、装配接线要求

(一) 设备装配要求

设备布局应符合人体工程学的相关要求,安装应牢固可靠,便于走线、检修更换。

为便于使用者进行菜单信息查看、人工操作或监视,网荷终端应安装在便于查看和操作的位置。

为便于设备散热、接线走向、更换插件,网荷终端之间应至少间隔2U空间。

屏前安装的网络交换机应采用后插式网络接口,屏后安装的交换机应采用导轨安装,或固定于可拆卸支架上。

空开、按钮、转换开关、压板、端子、连接片等元器件应选择合格的型号及品牌,应符合DL/T 720中4.4.2的要求。

元器件的安装应牢固、可靠,有醒目的标识标记,元器件安装应满足电气绝缘的要求。元器件应按照功能区布局,整齐排列。其他安装要求应符合DL/T 720中4.4.3的要求。

应为电流回路和电压回路配置相应的电流试验端子,其中电压回路的端子应带熔丝。

安装的端子排距后框架外侧的距离不小于 150 mm，端子排离地面的距离不小于 250 mm，至柜顶面的距离不小于 200 mm。

应为每组端子提供相应的标记端子、为每个端子配置相应的标记，便于识别。

端子的安装应便于接线、试验操作。端子间短接用的连接片应与端子连接牢固。

（二）配线要求

柜内接地线应采用黄绿双色导线或在接地导体两端设黄绿双色套管。

柜内信号回路导线采用多股导线时的截面积要求：电流回路、电源回路不低于 1.5 mm²，电压和信号回路不低于 1.0 mm²。应为多股导线配置冷压接端头，电流回路应采用环形冷压头，冷压接端头与导线金属部分接触牢固。

应为柜内导线端头配置相应的套管标识，标识应采用套管打印机打印，禁止手写。

屏柜内导线排列布置应整齐美观，采用行线槽收纳导线。行线槽布置合理，启闭性好。

电源线、电流回路、电压回路、信号回路导线应分板件或分类捆扎，不宜与通信线一同捆扎。

绝缘导线的走线应与电源、加热器等发热元件保持 20 mm 以上的间隙。

其他要求应满足 GB/T 50479 中 3.1.4 和 DL/T 720 中 4.4.1 的规定。

四、安全及防护等级要求

（一）安全要求

屏柜应有可靠接地点，柜体框架和可拆卸的门及其他活动部件间应连为一体，以满足屏柜安全性能、电磁兼容性能的要求。

终端装置的外壳也应可靠接地，接地电阻不大于 0.1 Ω。

屏柜下部应有截面积不小于 100 m² 的接地铜排，接地铜排上应预留多个供接地用的螺孔，螺孔尺寸为 M8。

（二）防护等级要求

屏柜外壳防护等级应不低于 GB 4208 规定的 IP30。

五、检验

屏柜在出厂前应进行检验,全部检验项目合格后方能出厂。

(一) 通电前检查

检查柜体结构、地脚安装、结构件尺寸,检查铭牌、标牌、标志,检查表面涂覆是否均匀、是否存在色差。

检查门的开启和限位装置,检查可活动部件是否灵活移动。

接地检查、防护等级、可燃性检查。

检查元器件安装是否牢固、安装是否对称美观、是否存在接线、拆卸困难。

检查配线冷压接端头是否压接牢固,元器件及配线标记是否正确、是否按图纸正确接线,用万用表测量信号回路是否接通或短路。

用万用表测量电源回路是否存在短路、断路。

测量电气间隙和爬电距离,测量绝缘电阻、介质强度。

(二) 屏柜通电检查

屏柜通电前所有电源空开断开,通电后,依次将各设备的电源空开送电,查看设备是否供电,设备通电后查看是否能正常工作,通电时间不小于 24 h。

通电过程中检查是否出现异常发热、是否有绝缘损坏。

电流电压回路试验检查终端模拟量采集的信号是否正确。

输入信号回路试验检查终端开关量输入采集的信号状态是否正确。

模拟终端装置遥控输出,检查输出是否正确。

六、标志、包装和运输

(一) 标志

每台屏柜应在显著部位设置持久明晰的标志和铭牌,其内容包括:

(1) 制造商全称和商标;

(2) 产品型号及名称;

(3) 制造年月和出厂商标;

(4) 装置的额定值和主要参数;

(5) 安全标志根据实际情况挑选使用。

包装箱应采用不易洗刷或脱落的涂料做如下标记:

（1）发货厂名、产品型号、名称；

（2）收货单位名称、地址、到站；

（3）包装箱外形尺寸及毛重；

（4）"防潮""向上""小心轻放"等标记；

（5）包装叠放层数的标记。

（二）包装

屏柜在包装前，应将可动部分固定。包装时应采用防水塑料套作内包装，周围用防震材料垫实放入包装箱内。随同装置出厂的附件和装箱文件、装箱清单装入防潮文件袋，一并装箱，包装箱应符合相关标准要求。

（三）运输

应适于陆运、空运、水运（海运），运输装卸按包装箱的标志进行操作。

（四）储存

储存屏柜的场所应干燥、清洁、空气流通，并能防止各种有害气体的侵入，严禁与有腐蚀作用的物品存放在同一场所。

包装好的屏柜应保存在相对湿度不大于85%、周围空气温度-25℃～+55℃的场所。

七、现场安装

（一）拆箱检查

屏柜安装前应进行拆箱检查，检查外观是否有损伤、玻璃是否开裂，设备是否损伤，备件是否齐全。

（二）安装就位

屏柜安装前，应查看安装目标屏位下的基础槽钢是否结实牢固，屏位下部电缆孔是否具备，目标屏位下接地铜排是否到位，电缆沟道是否清理，敷设电缆是否困难。

屏柜安装后，应确保屏柜的垂直度、水平偏差、柜面偏差、接缝的允许偏差满足 GB/T 50479 中 3.4.2 的要求。

屏柜安装时应避免对涂覆层、玻璃门的损伤。

（三）接入屏柜的电缆要求

所有二次回路的电缆应采用屏蔽电缆，电缆屏蔽层应可靠接地。

进入屏柜的电缆应排列整齐,并固定牢固,不得使连接的端子排受到机械应力。

电缆芯线应按垂直方向或水平方向有规律布置,不得任意歪斜或交叉连接,应留有适量的备用芯,备用芯长度应留有足够的余量。

交流电流、交流电压、直流电源、普通信号应使用各自独立的电缆。

公用电压互感器二次回路应只在控制室内一点接地,公用电流互感器二次绕组二次回路应只在相关保护柜内一点接地。

思考与练习

1. 文件《关于进一步深化电力需求响应工作的通知》中指出源网荷友好互动系统建设过程中应该坚持什么原则?

2. 简述源网荷友好互动系统建设过程中,各级营销部门的职责有哪些?

3. 简述源网荷友好互动系统运行与维护过程中,各级营销部门的职责有哪些?

4. 源网荷友好互动系统的终端设备有哪些?

第三章 源网荷系统的友好互动体系

　　源网荷互动系统能够实现电源、电网及负荷三者的互动,利用在线安全分析技术、远程机组控制技术及柔性负荷控制技术,实现调度系统与电网的无缝衔接,在特高压电网出现故障的情况下,能够构建"电网→电厂→用户"的快速处理通道,实现故障的在线诊断,并根据实际情况在线生成电网运行及调度的优化方案,对省调、地调及营销进行自动化系统处理与控制,以此来保证互联电网运行的安全性和可靠性。对现有负荷侧负控系统的优化和改进能够提升负荷控制响应速度和精益化水平,实现选择性的负荷控制,在特高压电网事故处理的不同阶段,通过快速的负荷调节来保证电网运行安全,避免出现大规模直接拉限负荷的情况,从而尽可能降低故障影响和危害。

　　单纯从网源协调、网荷互动、电动汽车与电网的互动等方面进行研究难以提供整体的解决方案。只有电源、电网、负荷的全面互动和协调平衡才能适应未来智能电网的发展需求,这种良性互动不仅必须而且可能。"源—网—荷"柔性互动是指电源、负荷与电网三者间通过多种交互形式,实现更经济、高效和安全地提高电力系统功率动态平衡能力的目标。"源—网—荷"互动本质上是一种能够实现能源资源最大化利用的运行模式。传统电力系统运行控制模式是电源跟踪负荷变化进行调整,尚未形成明显的互动关系。未来电网由于电源、电网和负荷均具备了柔性特征,将形成全面的"源—网—荷"互动,呈现源源互补、源网协调、网荷互动、源荷互动和网网互动等多种交互模式。

第一节　源源互补

　　未来电网的一次能源具有多样性（如水电、风电、光伏发电、生物质发电、海洋能发电等），其时空分布和动态特性均存在一定的相关性和广域互补性，通过源源互补可以弥补单一可再生能源易受地域、环境、气象等因素影响的缺点，并利用互联大电网中多种能源的相关性、广域互补性和平滑效应来克服单一新能源固有的随机性和波动性的缺点，形成多样化、协调互动的能源供应体系，从而有效提高可再生能源的利用效率，减少电网旋转备用，增强系统的自主调节能力。

　　源源互补分布式能源有两种模式：一是面向终端用户电、热、冷、气等多种用能需求，因地制宜、统筹开发、互补利用传统能源和新能源，通过天然气热电冷三联供、分布式可再生能源和能源智能微网等方式，实现多能协同供应和能源综合梯级利用；二是利用大型综合能源基地风能、太阳能、水能、煤炭、天然气等资源组合优势，推进风光水火储多能互补系统建设运行。

一、源源互补的源

　　源源互补的"源"主要指风力发电、水力发电、光伏发电、生物质发电等。

（一）风力发电

　　风力发电机（Wind Generator，WG）利用地球表面的风能带动感应电机旋转而发电。我国海上风能资源丰富，加快海上风电项目建设，对于促进沿海地区治理大气雾霾、调整能源结构和转变经济发展方式具有重要意义。风力发电机发电技术实现相对简单、建设周期较短、技术比较成熟，可以用来提供海岛以及偏远山区等区域的电力需求。目前风能已经成为发展速度最快的新能源之一。

（二）水力发电

　　水力发电（Hydroelectric Power）系利用河流、湖泊等位于高处具有势能的水流至低处，将其中所含势能转换成水轮机之动能，再借水轮机为原动力，推动发电机产生电能。水力发电在某种意义上讲是水的位能转变成机械能，再转变成电能的过程。因水力发电厂所发出的电力电压较低，要输送给距离较远的用户，就必须将电压经过变压器增高，再由空架输电线路输送到用户集中区的变电

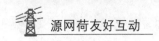

所,最后降低为适合家庭用户、工厂用电设备的电压,并由配电线输送到各个工厂及家庭。

(三) 光伏发电

光伏发电利用光生伏特效应,采用太阳能电池板将太阳能转变成电能。太阳能是所有可再生能源中最为丰富和不受地域限制的一种,其安装灵活方便,是可再生能源系统的重要组成部分。光伏发电的原理是"光生伏打效应",当阳光照射到光伏电池时,会产生电子空穴对。这些电子空穴对受到电场力的作用,向电池的两端集合,电池两端的正负电荷聚集越多,电压也随之升高。在电池两端接入负载,光伏电池就会发出电流,输出功率。光伏发电的输出功率随着天气的变化,具有很强的波动性。光照强度越大,则输出功率越高。

(四) 生物质发电

生物质发电主要利用农业、林业和工业废弃物,甚至城市垃圾为原料,采取直接燃烧或气化等方式发电,包括农林废弃物直接燃烧后发电、农林废弃物气化发电、垃圾焚烧发电、垃圾填埋气发电、沼气发电。

(五) 火力发电

火力发电(Thermal Power,Thermoelectricity Power Generation),是利用可燃物在燃烧时产生的热能,通过发电动力装置转换成电能的一种发电方式。火力发电是我国主要的发电方式,电站锅炉作为火力电站的三大主机设备之一,伴随着我国火电行业的发展而发展。当环保节能成为中国电力工业结构调整的重要方向时,火电行业在"上大压小"的政策导向下积极推进产业结构优化升级,关闭大批能效低、污染重的小火电机组,在很大程度上加快了国内火电设备的更新换代。

(六) 微型燃气轮机

微型燃气轮机是一种小型的热力发动机,有微型燃气轮机、高速交流发电机、高效回流换热器、电力变换控制器等模块组成,燃料可以有多种,如天然气、汽油、甲烷、柴油等。微型燃气轮机具有维护少、运行控制灵活、适用于多种燃料、安全可靠等优点,是较为理想的DG。在所有的DG类型中,微型燃气轮机是技术最为成熟,可靠性最高的一种,具有一定的商业竞争力。

(七) 燃料电池

燃料电池(Fuel Cell)是一种将存在于燃料与氧化剂中的化学能直接转化为

电能的发电装置。近年来,燃料电池以其高效、环保、快速以及极好的稳定性,获得了电力系统的青睐。这种电池的原理是,将燃料中的化学能通过氧化还原反应,产生带电粒子的定向移动,直接转化为电能输出。研究表明,在负荷变化范围在 25%～100% 的时候,燃料电池可以有很好的响应效果,其效率不会受外界因素影响而产生大的波动,响应速度会维持在很高的水平。按照采用的电解质的类型来分,燃料电池大致可以分为六种：质子交换膜燃料电池、直接甲醇燃料电池、碱性燃料电池、磷酸燃料电池、熔融碳酸盐燃料电池和固体氧化物燃料电池。

二、风电与光伏发电协调互补

风电和光伏发电虽然具有一定的互补特性,但是这种互补性在很大程度上受到自然条件的限制,调节波动性的能力有限。近年来,储能技术得到飞速发展,可以在分布式电源功率过剩的时候储存电量,在功率缺损的时候释放能量。因此可以借助储能系统,和分布式发电相配合,提高供电稳定性,为多能互补系统提供支持。储能系统在平滑出力波动、跟踪发电计划、削峰填谷、系统调频等方面有巨大作用。

储能容量需求的大小,和风光电源容量配置的比例相关。风光储不同容量之比,对风光互补特性、协调控制能力和出力波动的平滑方面效果是不同的。当储能系统容量小于风光发电容量的 1/10 时,风光互补可以对出力起到一定的平滑作用,但是却仍有 10% 的发电波动率。当储能系统的容量上升到风光容量的 1/4 时,储能系统的调节效果得到了很大的提升,整个系统的出力波动率下降到了 5%,而当继续增加储能元件的容量至 1/3 时,波动率可以下降到 3%。

位于北京西北部的张北地区,建立的国家风光储示范工程基地,具有 MW 级的风光容量。通过大量实验数据表明,几种典型的风光储容量配比的互补效果各不相同,当光伏和储能系统在系统所占的比例越高,其互补调节特性越好。具体如表 3.1 所示。

在电力系统中,不同的电源有不同的特点,通过间歇式能源与具有良好调节和控制性能的柔性电源的协调配合,可以使之共同向可预测、可调控的方向发展。火电机组可以停,可以调整它们的输出功率,但是要付出较大的代价;水电机组最容易调控,但是水库中具有势能的水是有限的,需要在最合适的时候使

表 3.1 风光电源互补特性

风光储容量之比	风光互补特性	协调控制能力	平滑处理波动
10∶4∶2	较好	较强	小于 7%
10∶4∶4	较好	较强	小于 5%
10∶10∶6	好	强	小于 3%

用;风能和光能属于自然力,人类无法左右,只能预测其变化规律,然后根据预测结果调控火电、水电等常规电源的出力,来适应风光电的变化,进而在保证发电负荷时时平衡的前提下,使得整个电力系统的运行效益达到最优。如果再将负荷侧的调控手段考虑进来,例如电动汽车的充放电和常规负荷的错峰,那么我们需要解决的就是一个考虑时间和空间的全局协调优化问题。

三、风电与抽水蓄能协调互补

抽水蓄能电站作为电网的调节工具,具有调峰填谷、调频调相、旋转备用等功能。目前主流的抽水蓄能电站采用可逆式水泵水轮机机组,其运行方式灵活多样。另一方面,抽水蓄能机组受自身固有特性和电站运行条件等限制,具备特定的运行特性和约束。

造成电网弃风的主要因素可以分为线路传输容量等导致的网络安全约束以及电力供需平衡所要求的系统调峰约束,其中:线路传输容量的不足造成的网络阻塞限制了风电功率在更大区域内消纳;风电出力的反调峰特性造成系统所需调峰容量增加,使系统内火电机组被迫大幅参与调峰,在大规模风电并网时,系统备用不足,调峰困难,风电场弃风大量增加。

抽水蓄能具有灵活的调峰特性,可利用其与风电协调运行的方式来解决由于系统调峰约束造成的风电弃风问题。可以建立风电与抽水蓄能协调优化模型,从而实现双双互赢的结果。

第二节　源网协调

分布式电源和常规电源一起参与电网调节,促进电源朝着具有友好调节能力和特性的方向发展。我国在源网协调运行控制技术研究方面取得了显著的成果,在常规电源方面,实现了巨型发电机组励磁、调速等控制系统的国产化,进一步推进了我国电力设备整体配套制造水平。通过深入研究和开展电力系统稳定器(PPS)的配置和参数整定工作,及时有效地抑制了电网的低频振荡,提高了电网的动态稳定性能,实现了机组自动发电控制(AGC)和一次调频的全过程监控,并试点推进自动电压控制(AVC)功能,进一步提升了我国电力系统安全稳定运行水平。

现有电网运行控制是按不同时间尺度综合应用负荷预测、机组组合、日前计划、在线调度及实时控制等,实现电源和电网的协同控制。随着间歇式能源的大规模集中并网和小容量分布式接入电网,源网协调主要体现在:一方面,将规模化新能源与水电、火电特别是抽水蓄能等常规能源分工协作,进行联合打捆外送;另一方面,根据电网供需平衡需求,可通过微网、智能配电网等将数量庞大、形式多样的分布式电源进行灵活、高效的组合应用。伴随源网协调技术的发展,间歇式能源的可预测、可调度和可控制能力将大为改观,从而克服其"不友好"的特性。

一、大型抽水蓄能电站运行

大型抽水蓄能电站具备调峰、填谷、调频、调相、事故备用和蓄洪补枯等多种用途,而且运行灵活,反应快速,对提高我国电网调峰能力、确保电力系统安全稳定优质经济运行具有重要作用。需要深入研究大型抽水蓄能电站对电网安全稳定的影响,深入分析抽水蓄能电站在电网调峰、填谷、调频、调相、事故备用和蓄洪补枯等方面的作用。研究抽水蓄能机组不同运行工况下的快速启动控制策略和运行工况快速转换控制策略,包括SFC快速启动时的控制策略、背靠背快速启动时的控制策略、快速黑启动时的控制策略以及发电与抽水工况快速转换的控制策略等,深入挖掘大型抽水蓄能电站对电网运行调度的支撑作用。

抽水蓄能电站作为电力系统的能源"循环器",在电力系统负荷低谷时段将水从低处抽到高处储存能量,在系统负荷高峰时段发电,为电网提供高峰电力。

作为调峰电源的抽水蓄能电站具有两大特性:一是具有调峰填谷的作用,减少了火电机组参与调峰启停次数,使火电机组出力过程平稳,提高负荷率并在高效区运行,降低机组的燃料和检修维护等费用,减少了排放,为火电厂降耗和社会环境带来巨大效益。二是其启动迅速、运行灵活、可靠性高,对负荷的急剧变化能够做出快速反应,并具有自启动能力,能够承担调频、调相、事故备用和黑启动等任务。抽水蓄能电站按调节周期可分为三类,即日调节抽水蓄能电站、周调节抽水蓄能电站和季调节抽水蓄能电站。

二、风电并网

在世界范围来看,大型风电场的接入方式主要采用交流、常规直流和柔性直流三种方式。

(一) 交流并网方式

迄今为止所建成的风电场大多采用交流并网的方式。这表明交流并网是一种相对成熟的并网方式,风电经交流联网和常规火电经交流联网的要求一样,要求互联的系统必须保持同步,否则会引起稳定性的问题。交流并网具有造价成本低、功率损耗低、功率翻转快的优点。但是交流并网也有其缺点,相关研究人员在这方面的研究也很多。

风能资源丰富地区一般位于偏远的地区,其距离负荷中心较远,本地负荷无法全部消耗风电场发出的功率,因此剩余的功率需要通过长距离输电线路送到负荷中心。大容量远距离的传输风功率会造成输电线路的损耗增大且线路的电压降也很大,造成线路末端的电网电压不能满足电能质量的要求,同时风电场的稳定运行也需要一定的无功功率的支撑,线路传输有功功率的增大也会引起线路无功功率需求的增大,这将造成系统无功的不足,影响局部电网的电压稳定性,当系统出现短路等故障时会引起系统电压的降低,而这会迅速传递到风电场侧。由于风机的稳定运行受机端电压的影响较大,电压的降低会引起风机的脱网,进一步造成系统有功功率的不足进而引起频率的波动等。

(二) VSC‐HVDC 并网方式

近年来,随着电力电子技术尤其是全控型电力电子器件的发展,以及脉冲宽度调制技术的成熟,基于电压源换流器的高压直流输电发展迅速,并成为研究的热点。在风电并网领域,VSC‐HVDC 的并网方式也逐渐应用于工程实际,例如 1999 年 11 月投运的瑞典 Gotland 工程、2000 年 8 月投运的丹麦 Tijaereborg 工程、2009 年投运的德国瑙德工程以及 2010 年中国上海投运的南汇工程。相比于交流线路并网,基于 VSC‐HVDC 的并网方式有如下优点:(1) VSC‐

HVDC 的换流器采用全控型的电力电子器件,器件可以自关断,无需换相电压,因此克服了传统直流只能向有源网络供电的弊端,VSC－HVDC 既可以向有源网络供电也可以向无源网络供电,因此特别适合风电并网。(2) VSC－HVDC 直流输电系统可以在其运行范围内对有功功率和无功功率进行完全独立和快速的控制。(3) VSC－HVDC 直流电流反向即可实现潮流反向,无需像传统的高压直流一样需要靠改变电压极性来实现潮流的反向。(4) 提高交流电网的功角稳定性,阻尼系统振荡。(5) 因为 VSC－HVDC 换流器侧的电流可以控制,因此增加新的 VSC－HVDC 线路后不会增加系统的短路容量,因而也无需改变保护设备的整定值。(6) 由于采用了高频的脉冲宽度调制技术,其输出的交流电压和电流中含有的低次谐波很少,仅含有一定量的高次谐波,因此换流站所需的滤波器很少。除了上述优点,VSC－HVDC 也存在以下缺点:(1) 技术不成熟,安全性和可靠性有待考验。柔性直流只有 10 年的运行历史,从 20 世纪 80 年代开始,欧洲国家才有实验性的自换流直流工程出现,1999 年 6 月,世界上第一个商业运行的柔性直流输电工程在瑞典哥特兰岛投运,用于风电场联网的工程也很少,中国目前只有一个基于 VSC－HVDC 联网的风电场试验工程,因此这方面的技术还不成熟,系统稳定性和可靠性有待工程运行数据的验证。(2) 系统损耗大。由于全控器件的开通和关断由高频 PWM 控制,开关频率以 kHz 计,导致开关损耗较大。例如开关频率为 1 950 Hz 两电平的柔性直流换流站的功率损耗(不含线路)为系统额定功率的 6%。(3) 不能控制直流侧故障时的故障电流。由于缺乏直流断路器,一旦直流侧故障,交流断路器必须断开,而断开后,短时间内重启系统不太可能,这将影响有功功率的传输。

(三) 常规 HVDC 并网方式

由于常规 HVDC 的换流器是由半控型器件组成,因此常规 HVDC 输电具有部分 VSC－HVDC 的优点,即可以控制有功功率的流动、可以实现非同步联网、具有一定的阻尼功率振荡的作用、不存在稳定性问题,另外由于晶闸管能承受的电压和电流容量仍是目前电力电子器件中最高的,而且工作可靠,因此常规 HVDC 传输的功率比较大,传输距离长。但是常规 HVDC 也存在自己特有的缺点:(1) 与 VSC－HVDC 相比不能实现无功功率的控制,而且换流站需要吸收大量的无功功率,整流器和逆变器分别吸收所输送直流功率的 40%~60% 的无功功率,暂态运行时,换流站吸收的无功功率更多。(2) 功率的翻转需要改变电压的极性,因此速度比较慢。(3)谐波次数低、容量大,滤波设备复杂且占用面积大。(4)由于晶闸管为半控器件,只能控制开通而不能控制关断,关断只能借助于换流器外部的换相电源加以实现,因此其不能向无源网络供电。

三、光伏发电入网影响

(一) 对有功频率特性的影响

光伏发电具有以下特性:(1)外出力的随机波动性;(2)电源是无旋转的静止元件,通过换流器并网,无转动惯量;(3)低电压穿越期间不同的有功/无功动态特性;(4)考虑电力电子等设备元件的安全,电源抗扰动和过负荷能力相对较差,易发生脱网;(5)通过逆变器并网,具备四象限控制及有功/无功解耦控制的能力。光伏系统的这些特性,使得大规模光伏接入后系统的稳态/暂态特性发生变化,进而影响到系统的运行与规划。

光伏电力大幅、频繁的随机波动性对系统有功平衡造成了冲击,进而影响到系统的一次、二次调频以及有功经济调度等运行特性,频率质量越限等风险加大;系统备用优化策略等将因光伏接入而发生变化,对与常规机组等其他多类型电源的有功频率协调控制以及调频参数整定等也提出了适应性需求;同时,由于光伏电源是非旋转的静止元件,随着接入规模的增大并替换常规电源,系统等效转动惯量降低,恶化了系统应对功率缺额和功率波动的能力,极端工况甚至会发生频率急剧变化,频率跌落速率及深度可能触发低频减载、高频切机等安控、保护动作的严重运行问题。

(二) 对无功电压特性的影响

大规模光伏集中接入更多是在戈壁、荒漠地区,当地负荷水平较低,接入的地区电网短路容量相对较小,大量光伏电力需通过高压输电网远距离外送,随机波动的有功出力穿越近区电网以及长输电通道,影响到电网无功平衡特性,进而造成沿途的母线电压大幅波动。同时,目前实际并网运行的光伏电源无功电压支撑能力较弱,发生电压质量越限甚至电压失稳的风险加大;对于规模化光伏分散接入配电网而言,光伏接入改变了电网既有的辐射状网架结构,单电源结构变成了双电源或多电源,电网潮流分布大小、方向等复杂多变,潮流变得更加难控,进而影响到配电网的电压质量,影响程度与光伏接入位置、接入规模以及出力等关系较大。

（三）对功角稳定性的影响

光伏电源是静止元件，本身不参与功角振荡，不存在功角稳定问题，但由于其随机波动以及无转动惯量等特性，大规模光伏接入后改变了电网原有潮流分布、通道传输功率，减小了系统的等效惯量；同时，计及故障穿越期间光伏具有与常规机组不同的动态支撑性能，因此光伏接入后电网功角稳定性会发生变化，变化情况取决于电网拓扑结构、电网运行方式及所采用的光伏电源控制技术、光伏并网位置及规模。光伏接入既有可能改善、也可能恶化电网的功角稳定性，这必须结合具体场景通过仿真分析才能确定。光伏并网还可能因故障穿越能力不足引发脱网，尤其是集中化、规模化后，脱网给系统稳定性带来的冲击将更加强烈，应结合实际并网情况，评估大规模光伏的脱网风险。我国第一个百万千瓦级青海光伏基地的集中接入改变了通道潮流分布的均匀性，且光伏电源表现出弱动态支撑性，综合两者影响，通道的传输极限降低，通过切除光伏电源以及光伏电站配置动态无功补偿，可提升安全性。

（四）对电能质量的影响

随着大规模光伏的接入，电力电子广泛应用使得大量非线性负载也加入到系统中，对电力系统造成污染，出现电能质量问题。逆变器开关速度延缓，导致输出失真，产生谐波；在太阳光急剧变化、输出功率过低、变化过于剧烈的情况下，产生谐波会很大；也会出现大规模光伏集中并网时电流谐波叠加的问题等。国内外若干大型光伏电站的运行经验表明：即使单台并网逆变器的输出电流谐波较小，多台并网逆变器并联后输出电流的谐波也有可能超标。

源网协调现阶段主要研究的是机网协调运行所涉及的问题，例如发电机进相运行、频率保护、一次调频以及二次调频、失磁保护、电压的自动控制等问题。这些研究都停留在比较传统的配电网机网协调研究，并没有充分考虑到新能源接入电网后，如何实现各种间歇式能源之间的高效组合利用，以及分布式电源对电网运行以及继电保护的影响。

在源网协调模式下，一方面，对于大规模接入电网的新能源，将其与电网内的常规能源包括火电、水电等常规发电能源分工与合作，采取联合外送的策略；另一方面，对于小容量分散接入的分布式电源，可以通过智能配电网和微电网，将其组合应用，让配电网变得更加灵活，提高电网运行的效率。

第三节 网荷互动

柔性负荷参与电网互动的目的是在保持发电方利益、供电方利益以及用户利益动态均衡的情况下,通过引导柔性负荷采取最佳的用电响应方式,尽量减少系统负荷的峰谷差,并尽可能最大限度地接纳新能源。目前,关于柔性负荷与电网相互作用分析的研究还处在起步阶段,国内外针对柔性负荷的研究更多集中于柔性负荷优化调度研究、主动负荷响应特性、电动汽车负荷特性等,而量化分析计及柔性负荷、新能源接入、电价策略、电网可靠性等交互影响的研究所涉甚少。

一、网荷互动系统

作为电力系统功率瞬时平衡的一方,负荷特性及行为特征很大程度上决定着电网的安全性和经济性。不同负荷对供电可靠性要求是有区别的,随着需求侧的逐步开放,通过电价政策激励用电侧资源进行主动的削峰填谷和平衡电力,将成为提高电力系统运行经济性和稳定性的重要手段;作为备用的另一种形式,可中断负荷是电网可调度的紧急备用"发电"容量资源,也可经济、有效地应对小概率高风险的备用容量不足,确保电网的安全可靠运行。随着分布式电源、微网、电动汽车、储能等的广泛应用,新型柔性负荷具有发电和(或)储能的特性,能够与电网进行能量的双向交互,可以参与电网调控并可以成为黑启动电源。

传统电网调度方式主要是针对负荷的变化调度发电侧电源,最大限度地满足电网功率平衡。以人工为主的调度业务缺乏对调度周期内复杂电网的全面分析,无法适应调度计划安全经济一体化的需要。因此,传统电网调度方式已无法针对特高压大区联网、大量分布式电源和多样性负荷并入电网运行给出合理的调控方案。

江苏地区用电信息采集系统经过多年的建设,已实现了全省用户用电信息采集的覆盖,在大型用户安装的专变采集终端不仅可以实现负荷采集监测,还可实现负荷中断控制。通过错峰、避峰、负控限电等一系列有序用电措施,缓解了供用电的矛盾,发挥了负荷调控和保障关键负荷用电的重要作用。虽然营销用采系统实现了切负荷控制管理,但由于终端、通信及负控主站的限制,此类切负荷系统的控制时间达分钟级,难以满足特高压直流故障时紧急切负荷的时间要求。

国家电网公司选择江苏电网试点建设"大规模源网荷友好互动系统",依托现有的智能电网调度控制系统和营销负控系统,综合利用电网在线安全分析、抽水蓄能机组紧急远方控制、柔性负荷控制等技术,实现与调度系统的无缝对接,保障特高压大区互联电网的安全运行。系统最终要实现两大主要功能,一是保护快速切负荷功能,实施第一时限控制,快速切除部分可中断负荷,支持当大电网故障或扰动时,响应电网的紧急切负荷控制命令,快速切除用户可切负荷,确保电网频率稳定;电网故障或扰动发生后,相关通道潮流超稳定限额,响应次紧急的负荷分区控制,切除相应用户的部分负荷;在故障处理后,响应主站的需求,重新恢复部分负荷,完成发用电平衡调控。二是友好互动精准切负荷功能,实施第二时限控制,精准实时控制可中断负荷。支持根据用户负荷性质、重要程度进行细分,实现用户多路负荷的电压、电流、功率等多个参数的实时采集,并通过通信快速上传主站,为主站提供全面的用户实时负荷信息及分轮次可切负荷。

二、网荷互动终端

网荷互动终端是一种新型专变终端,其不仅要求能满足精细化采集、实时通信、分轮次快速切负荷的要求;同时满足用电信息采集系统对用户电能数据采集、有序用电控制等要求,还应能适应各种行业的用户安装使用要求,可完全替代现有专变终端,因此,要求终端的接口丰富、通信强大、负荷控制迅速、安全可靠,具备可配置或扩展功能。

(一)网荷终端功能设计

网荷终端由三大功能模块组成,如图 3.1 所示。

1. 实时负荷采集计算模块

实时采集进线电流、母线电压、开关位置;采集中压出线电流、母线电压、开关位置,低压出线电流、母线电压、开关位置。

通过采样计算电流、电压、有功功率、无功功率、功率因数、频率;根据总加组线路配置,计算出对应总加组的功率,作为可切负荷功率。

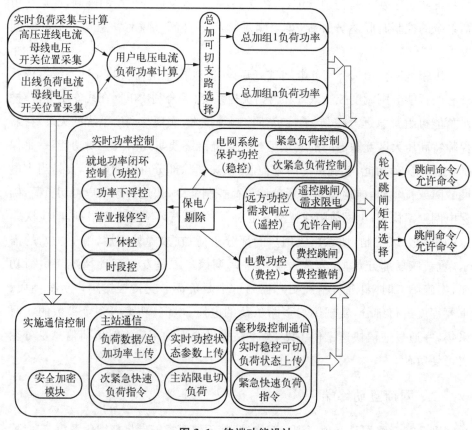

图 3.1　终端功能设计

2. 实时功率控制模块

（1）电网稳控模块。依据特高压电网故障类型的不同时效性，接受来自精准切负荷系统和营销主站的控制指令，实现紧急/次紧急切负荷的稳定控制。

（2）远方功控/需求响应模块。根据主站对用户的限电需求，发出控制指令，完成负荷需求响应控制。

（3）电费控制模块。根据用户购电方式，终端上传用户电能数据，主站根据用户用电和电费余额判断是否需要对预购电用户采取相应限电措施，实现预购电/电费控制。

（4）就地功率控制模块。根据预置的功率控制模式，像负控终端一样工作在功率下浮控、营业报停控、下浮控、时段控等多种模式。

3. 实时通信控制模块

（1）安全加密模块。实现调度数据传输要求的安全加密方案,支持数字签名和报文加密的组合应用。

（2）主站通信。支持与营销主站的快速通信,上传负荷数据、总加组功率,接收主站切负荷控制命令、主站下发的控制参数。

（3）快速切负荷通信。支持与精准切负荷系统等设备快速通信,上传精准急切负荷量和接收紧急切负荷指令,实现精准负荷控制。

（4）其他通信。电能表数据采集通信,同时为考虑 400 V 分散负荷的接入,预留相应的底层设备接入通信(如网络或串口设备通信)。

（二）多任务环境设计

根据前述的功能模块,基于嵌入式系统环境,设计了如图 3.2 所示的四层软件控制架构。

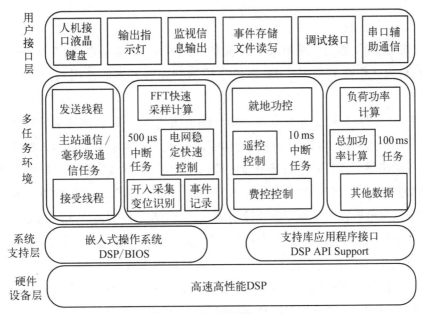

图 3.2　多任务环境设计

最底层为硬件接口层,提供对 DSP 及其外设硬件的控制操作;第二层为操作系统环境和应用接口,为上一层多任务环境提供任务控制、中断处理、访问控制;第三层为多个实时任务组成的软件环境,其中主站通信、精准切负荷通信任务由中断触发执行,500 μs/10 ms/100 ms 任务由定时中断触发,各任务根据需要实现子任务划分,其中采样数据的计算放在较慢速的 100 ms 任务中,而常规功率控制放在 10 ms 级任务中,为确保电网稳控切负荷响应被快速执行,将紧急/次紧急切负荷放在 500 μs 级任务中执行,可确保快速切负荷指令能得到最快执行;第四层为各种用户接口提供处理任务,主要用于人机接口、信息输出、事件存储、设备调试等与用户交互的任务处理。

三、开关控制

常见的开关跳闸方式有分励和欠压脱扣两种。

(一) 分励脱扣

分励脱扣又称加压脱扣,是指开关的跳闸线圈两端平常无电压,当加上一定电压信号时,机构动作开关分闸,一般并接到控制装置继电器的常开触点实现跳闸控制。

(二) 欠压脱扣

欠压脱扣又称失压脱扣,是指开关的线圈两端平常就有电压,当电压信号为零时,机构动作开关分闸,一般串接至控制装置继电器的常闭触点实现跳闸控制。

将终端对应回路分闸继电器的输出端子接到跳闸机构,因终端分闸继电器没有常闭触点输出,对失压型跳闸机构需加装独立的中间继电器,接入终端分闸继电器输出触点实现对中间继电器的控制,将跳闸控制线串接至中间继电器常闭触回路中实现对失压型跳闸机构的控制;对非失压型跳闸机构,控制线并接至终端分闸继电器输出触点即完成控制接入。接控制回路时需注意终端的接点容量是否满足回路要求,终端以空接点输出,继电器触点额定功率为交流 250 V/5 A、直流 80 V/2 A 或直流 110 V/0.5 A 的纯电阻负载。

跳闸控制操作按钮一般有两种形式,一种是按钮,一种是分合闸的旋转开关(也叫 KK 开关)。若为按钮则找到按钮两端的相应接点,测量接点二端电压,如果电压值等于操作电压的数值,则断路器的跳闸方式为分励式,将终端控制的常开接点并接在跳闸按钮二端回路中的适当位置;如果电压值等于零,则断路器的跳闸方式为失压跳闸,将终端控制的常闭接点串接在跳闸按钮二端回路中的适当位置。

第四节 源荷互动

未来电网是由时空分布广泛的多元电源和负荷组成,电源侧和负荷侧均可作为可调度的资源。负荷侧的储能、电动汽车等可控负荷参与电网有功调节,电力用户中的工业负荷、商业负荷以及居民生活负荷中的空调、冰箱等作为需求侧资源能够实时响应电网需求并参与电力供需平衡,通过有效的管理机制,柔性负荷将能够成为平衡间歇性能源功率波动的重要手段。电源和负荷作为可调度的资源参与电力供需平衡控制,利用负荷柔性变化平抑电源波动。

一、柔性负荷

"柔性负荷"的内涵定义为用电量可在指定区间内变化或在不同时段间转移的负荷,如电力用户中的工业负荷、商业负荷以及居民生活负荷中的空调、冰箱等传统负荷,其外延包含具备需求弹性的可调节负荷或可转移负荷、具备双向调节能力的电动汽车、储能、蓄能以及分布式电源、微网等。作为发电调度的补充,柔性负荷调度能够削峰填谷、平衡间歇式能源波动和提供辅助服务,有利于丰富电网调度运行的调节手段。电网中的柔性负荷主要是可中断负荷、电动汽车负荷以及需求侧发电等形式。此处介绍电动汽车形式的柔性负荷。

电动汽车相比于传统汽车,以其高效节能、低碳环保等优势逐渐得到了各国政府的大力支持,在整个汽车行业所占的比例也与日俱增。电动汽车大致可以分为两类,分别是充放电时间具有很强规律性的公共电动汽车和具有很强随机性的私人电动汽车。据有关统计,私人电动汽车有超过 95% 的时间处于停运状态,平均每天行驶时间只有 1 h 左右。可以利用电动汽车这种充放电性能好、成本低等优点,将其作为一种新的调度模式,提高电网的经济性和安全性,对改善负荷特性、减小充电成本、增加旋转备用容量有显著作用。

电动汽车的充电模式大致可以分为三种:

(一) 普通充电

普通充电模式是一种小电流慢速充电方式,在小区或者停车场等地方有广泛的应用。通过充电桩进行充电,交流电源直接和电池相连。

(二) 快速充电

快速充电方式是一种大电流短时充电方式,一般用于应急情况,比如高速公路等交通密集的区域。大电流引线与电池相连,迅速将电池电量充到 70% 以上。这种充电方式对电池损耗比较大,会减少电池的使用寿命。

(三) 电池更换

电池更换模式最为方便快捷,是通过充电站直接更换电池来给电动汽车充电的。电池更换下来之后,被统一管理起来,以便于在负荷低谷的时候充电,可以起到削峰填谷的作用。这种充电方式对电池规格和充电技术的标准化有较高要求。

充电站可以根据实际情况,合理组合利用这几种充电方式,增加负荷侧的柔性。电动汽车分布有很强的随机性,所以必须通过一套管理策略来实现合理充放电,这就是电动汽车换电站。电动汽车换电站和电网之间的互动是通过对电动汽车有序的充放电管理来实现的。

二、源荷互动

源荷互动作为源—网—荷互动框架体系的重要组成部分,旨在借助多类电源、负荷时空分布的广泛性,促进发用电资源的合理利用。源荷互动不仅提高了系统运行和控制的安全性、经济性,还具有环境和市场方面的综合效益。源、荷两侧资源随着时间尺度的变化,具有不同的调节能力和调节特性。

对发电侧而言,间歇性能源具有"反调峰"特性,出力预测的不确定性随着运行点的临近会逐渐减小;常规发电机组具有典型的启停和爬坡约束特征,通常需要在较长的时间尺度上确定启停计划,在较短时间尺度上的出力调整也应该满足爬坡和出力上下限的要求;紧急调峰资源的响应速度快,能够满足较短时间尺度上系统有功平衡和备用约束的要求。

对负荷侧而言,价格型 DR 和激励型 DR 能够增强间歇性能源消纳水平,缓解系统运行的调峰压力;同时,也应考虑到用户响应具有不确定性,通过不同时间尺度上的协调优化,进一步增强源荷互动效果。

以基于源荷互动的风电消纳协调运行为例进行分析。随着我国风电装机容量的快速增长,风电占系统总发电比例的逐渐增加,其出力的随机性、不确定性和间歇性导致系统的功率波动进一步扩大,常规电源的调节能力难以有效应对,给电网传统调度运行方式带来了新的挑战。同时,风资源分布的不均匀性导致风电场远离负荷中心,风电就地消纳能力不足,远距离外送又受输电通道输送能力的制约,这些因素严重影响了风电的大规模发展。

三、源荷互动的协调控制

为了降低风电出力波动对系统安全可靠运行的影响,在风电并网运行时,需要由常规电源为其有功出力提供补偿。然而,常规电源的调节能力受最小技术出力等条件的限制,可调节容量范围较小、调节速度较慢。当出现风电功率大幅度随机波动的情况时,很可能导致常规机组频繁投运和切除,从而严重危及机组的安全运行。因此,随着风电接入电网规模的不断增加,单纯依靠控制常规电源应对风电的出力波动越加困难,严重制约了电网对风电的消纳容量。

通过分析风电波动特性和源荷互动特性,提出一种基于源荷互动的大规模风电消纳协调控制策略,具体流程如图3.3所示。

(一)一级源荷协调控制

基于风电出力和负荷的日前24 h预测,将风电消纳功率最大作为优化目标,得到最优的常规电源运行情况和高载能负荷调节情况,从而在系统的接纳能力范围内,最大限度提高风电消纳水平。

(二)二级源荷协调控制

以一级源荷协调控制得到的风电最大消纳水平为参考基准,并根据不同范围内风电的波动特性将风电波动功率划分为稳态波动功率和尖峰波动功率,针对不同波动类型分别采用常规电源或者高载能负荷进行调节。

传统发电调度中,机组需按照调控指令完全响应,与之不同,负荷调度一方面要满足电网调度指令的需求,另一方面还需对用户的正常用电影响较小。柔性负荷调度在电力市场发展较为成熟的欧美国家表现为需求响应,重视对电力用户的引导和用户的参与满意度。其中,美国需求响应起步较早,相关政策相对完备,组织机构也较为完善,其先后于2005年、2007年、2009年分别颁布了《能源政策法案》《能源独立与安全法案》和《美国复苏与再投资法案》,明确规定对实施需求响应大力支持。美国宾夕法尼亚—新泽西—马里兰(PJM)、新英格兰ISO(ISONE)、加州ISO(CAISO)等均已陆续推出基于容量市场、能量市场(日前计划、实时平衡、输电权交易)、辅助服务市场的需求响应项目,售电侧采用节

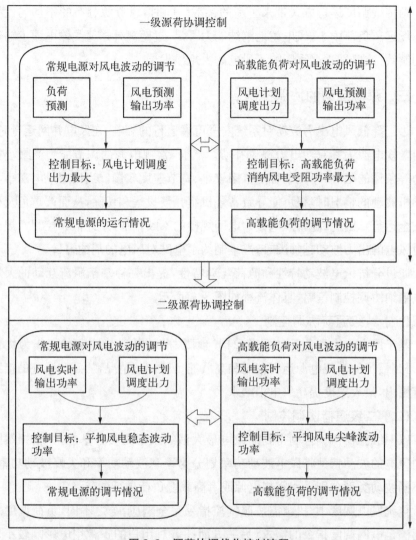

图 3.3 源荷协调优化控制流程

点电价的定价方式并实行零售选择权,取得了良好的效果。中国目前处于市场发展的初级阶段,还缺乏完整的市场运营规则和电价形成机制,尚不能通过经济手段及时有效地调节市场供需,负荷调度更多表现为以分时电价和有序用电为代表的需求侧管理,强调集中调度体制下电网的安全性。

与发电机不同,个体负荷数量大、容量小,难以与发电机一样在同一个决策中进行优化分配。因此个体负荷可以通过负荷代理以集群方式参与电网运行控制。这样,由于负荷群以代理形式参与调度,因而调度中心所需协调控制的对象数量是有限的,调度中心对发电机组、负荷代理等集中优化来协调是区域电网源—荷协同控制的有效模式。负荷代理可以通过竞价机制或者响应电价机制参与调度。竞价就是负荷代理主动上报响应能力、响应曲线和成本,电价机制则是代理提供响应能力和响应曲线,根据电价信息改变用电需求。负荷代理则评估所代理的不同类型柔性负荷群的可调节能力和响应成本,例如需求响应、自主发电、充放电或储能等行为,通过用户侧能量管理系统(EMS)或者智能终端,对具体设备进行控制。

第五节　网网互动

电网运行的主要任务是协调和控制电力的产生、传输、分配和使用。随着技术的发展和市场化的推动,电网运行也在发生相应的变化。早期的电网运行以集中控制为主,通常发电、输电、配电、用电全过程统一计划和调控,保证安全可靠的供电是电网运行的主要目标。在这个阶段,电网运行主要面对的是电力网络的物理约束,电力平衡是电网运行控制的核心。后来随着通信技术的发展,通信网络与电力网络紧密融合,电网运行不仅需要考虑电力流动的物理约束,还需要在通信网络的支持下,及时感知电网运行状态、获取大量电网运行相关信息和预测未来发展趋势,对电网运行进行更精准的控制。基于状态感知的趋势控制是电网运行的重要任务。随着电力市场化和互联网商业模式的冲击,传统电网运行中只有有限数量的电力供应商和售电商参与电力交易的情况发生了改变。未来电网中,大量需求不一、特性不一、大小不一的分布式电源、负荷都可能以不同形式参与电力的交易,构成了复杂的电力交易与分配的商业网络。电力交易将以合同、竞价、邀约、分享等多种形式进行,众多电力交易参与者都将进行自主决策。电网运行需要同时支持电力交易的执行和保障电力安全可靠的流动。

电源和负荷都需要通过电网进行相互作用,这就要求电网必须具备柔性开放的接入能力和灵活的调节能力。未来电网调度控制中心将综合各种先进技术和智能化手段,对电网进行主动的监视、分析、预警、辅助决策和自愈控制,辅助调度员应对电网可能出现的各种扰动,为电源和负荷的友好互动提供强有力的技术支撑。灵活交直流输电系统的广泛应用也将为现代电网的安全、经济、可靠和优质运行提供有效的手段,静止无功补偿器(SVC)、统一潮流控制器(UPFC)、基于电压源换流器的高压直流输电(VSC－HVDC)装置等先进电力电子装置具有快速调整有功、无功功率的能力,能够灵活调节和动态优化电网潮流分布,提升电网运行的可控性和弹性。

一、网—网互动牵引控制

网网互动是指某个区域出现自身难以调节的功率波动后,其他区域以平衡这一功率波动为控制目标协调控制,打破目前区域间控制具有明确边界和自行承担本区域调节责任的约束,实现区域间的相互支援。

随着特高压交直流大容量远距离输电通道的建设,区域之间的联系越来越紧密,大规模的电力输送成为常态。然而,由于可再生能源发电的波动性和大容量输电线路的故障(例如特高压直流闭锁),往往造成单个区域难以应对这类功率波动,需要采取一些强制性措施,例如切负荷、弃风、弃光等。以大规模风电接入为例,当某控制区域风电比重较大时,风电波动可能在短时间内引起较大的功率不平衡,控制区内调节能力无法满足调节需求,或造成 AGC 控制品质不佳。而在此情况下,互联电网其他控制区域可以对该区域提供支援,随着风电功率的波动进行调节,形成以待调节的风电功率波动为牵引的 AGC 控制模式,实现大范围的风电消纳。

AGC 的重要参量区域控制偏差(ACE)由控制中心通过计算系统频率、联络线潮流数据以及系统额定功率和计划交换功率值得到,表征了一个控制区域的发电盈余,故可以把对风电波动的调整转变为对风电区域 ACE 的调整。网—网互动协同控制则是通过对某一区域的风电波动形成的 ACE(称之为牵引 ACE)进行合理分解并分配给互动电网中的其他区域,其他区域进行有功调整时,其控制参数 ACE 除原本该区域自行计算得到的本区域 ACE 外,还要附加牵引 ACE 分解至该区域的部分,形成合成的 ACE,则显然电网各区域对其合成 ACE 的调控客观上即完成了对风电功率波动进行广域联合调节,保证了系统的安全稳定运行。由于风电的随机性和不确定性,有风电的控制区域的功率不平衡量随风电的波动而变化,导致其 ACE 值不断变化,牵引其余控制区域根据风电区域 ACE 值的大小进行选择性支援,形成因 ACE 而随动的局面,即以待调节的风电功率波动为牵引的 AGC 控制模式。鉴于风电波动的时间尺度,牵引

ACE 的作用时间可为 10 min 至 1 h 不等,具体根据调度需求确定。

二、电网互动运行协同控制应用

目前互联电网的控制主要是分散式的控制方式,每个控制区根据自身的电网运行状况进行控制,维持电网频率和按照联络线功率计划控制联络线上的电力流动。ACE 是电网频率控制关注的主要信息。通常,各个区域因发电机跳闸或风电波动等因素造成的功率缺额通过调控区域内的调节资源来平衡。然而,随着国内特高压的建设,区域电网需要面对功率巨大的特高压输电发送或接受的运行方式,一旦发生故障,对区域电网运行的冲击巨大。例如,2015 年华东电网发生 800 kV 直流闭锁故障,失去了巨大的电力输入。由于发电与负荷功率不平衡造成华东电网频率的急剧跌落,电网频率降至 49.5 Hz。按照目前的 AGC 控制方式,当系统中发生频率偏差时,首先由系统中的一次调频进行功率补偿(调整量有限),再由 AGC 系统通过二次调频进一步补偿。AGC 的控制依据是对 ACE 的控制,直流落点所在控制区 ACE 全面反映了故障引起的调节需求,会全力调控区域内的资源并进行控制,而其他区域 ACE 主要反映了因协同频率下降引起的 ACE 变化,而无法反映直流落点区域因直流闭锁出现的联络线功率变化,因此不会调控本区域的可控资源对故障发生区域提供积极的支援。面对这样的故障,目前的主要应对方式是提高区域的调频备用(成本较高),或者通过网级调度中心进行协调,获取其他区域的支援(响应时间缓慢)。在这样的情况下,可以通过在 AGC 控制策略中植入分布式控制来进行区域之间的协调,实现互联区域在大扰动下的相互支援。

思考与练习

1. 什么是源源互补? 怎样进行源源互补?
2. 源网协调有哪些?
3. 什么是网荷互动系统?
4. 柔性负荷有哪些?
5. 源荷怎样互动?
6. 什么是网网互动?

第四章　源网荷友好互动系统

源网荷友好互动系统由大区互联电网安全运行智能控制系统、大规模供需友好互动系统、主动配电系统三个子系统组成，通过信息通信系统进行信息交互。源网荷友好互动系统构建坚强智能电网，建设主动配电网，建立需求响应机制，打造智能互动平台。实现更经济、高效和安全地提高电力系统功率动态平衡能力的目标，保障电网运行安全、实施需求侧精益管理、增强与客户的互动性，为供电服务品质化提供可靠支撑。

第一节　源网荷友好互动系统简介

"源网荷友好互动系统"借助"互联网＋"技术和智能电网技术的有机融合，将零散分布、不可控的负荷资源转化为随需应变的"虚拟电厂"资源，在清洁电源波动、突发自然灾害特别是用电高峰突发电源或电网紧急事故时，用电客户主动化身"虚拟电厂"，参与保护大电网安全。

一、系统设计思路

针对特高压大规模馈入对电网安全水平与抗事故能力提出更高要求，可再生能源快速发展对电网安全调控与平稳运行带来新挑战，电动汽车快速发展对电网互动服务与协调控制带来新考验，电力需求侧管理逐步向控制精准化、响应实时化、友好互动化的新趋势发展等问题，为了实现更经济、高效和安全地提高电力系统功率动态平衡能力，保障电网运行安全、实施需求侧精益管理、增强与客户的互动性，为供电服务品质化提供可靠支撑，全面建设"资源聚合、精准高效、智能互动、安全可靠"的大规模供需友好互动系统,其系统设计思路可归纳为:统一标准、定制策略、支撑全网、安全可靠。

（一）统一标准模型,聚合负荷资源

大规模的间歇式可再生能源发电并入电网、越来越普及的电动汽车随机接入电网,保障智能电网安全可靠地运行需要打造一流配电网。打造一流配电网,既需要坚强网架和可靠设备,更需要深化"两化融合"①。加强营配调业务一体化为代表的创新实践,打破配网管理的专业壁垒和信息孤岛,推进跨专业的统筹协调和流程优化,建立有效的机制保障和技术支撑,使配网管理的着眼点从"专业最优"变为"集成最优",才能根本上提高配网的生产效率、管理水平和服务能力。

在电网公司营配调一体化标准模型基础上,拓展数据模型应用,将大工业、非工空调、居民智能家居、分布式光伏、电动汽车充电桩、储能设备等采集数据和负荷数据纳入统一管理。研究大用户智能网荷终端、非工空调、智能家居、电动汽车等各类负荷资源的接入技术标准、通信模式、协议规范等,实现负荷资源的标准接入、状态即时感知。图4.1概括了设计思路一。

图 4.1　统一标准模型

---

① 信息化和工业化的高层次的深度结合。

71

（二）研究负荷策略，实施分类管理

根据电力用户的不同负荷特征，电力负荷可区分为各种工业负荷、农业负荷、交通运输业负荷和人民生活用电负荷等；电力负荷根据对供电可靠性的要求及中断供电在政治、经济上所造成损失或影响的程度进行分级，分为一级负荷，二级负荷以及三级负荷；电力负荷按其工作制可分为三类，包括连续工作制负荷，短时工作制负荷，反复短时工作制负荷。同时，负荷是随机变化，每当用电设备启动或停止都会有对应的负荷发生变化，从某种程度上可以发现具有一定规律性。例如某些负荷随季节（夏、冬）、企业工作制（一班或倒班作业）的不同而出现一定程度的变化。从用户类型（工业用户、智能家居、电动汽车、分布式新能源……）、负荷响应时效（秒级、分钟级……）、负荷控制特性（可中断控制、不可中断控制……）、负荷恢复特性（立即恢复、延迟恢复……）等方面研究负荷分类管理策略，通过对负荷资源的分类、分级、分区域、分单元（电网）管理，全面实现秒级、分钟级的精准控制和有策略负荷恢复。图4.2概括了设计思路二。

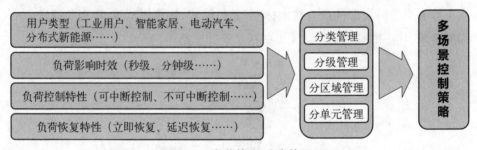

图4.2 负荷策略、分类管理

研究市场机制下的电力需求侧响应模式，研究激励机制，争取有利价格策略。完善与用能客户交互通道，支撑电力需求实时交易和响应，实现与客户友好互动，运用市场化手段调节电网资源配置。

总结国内外开展需求侧响应的经验，电力需求侧响应（DR）可分为两类。一类是基于价格的需求侧响应，即用户根据电力市场电价的变化相应地调整用电需求。包括分时电价、实时电价和尖峰电价等。用户通过内部的经济决策过程，将用电时段调整到低电价时段，并在高电价时段减少用电，来实现减少电费支出的目的。参与此类DR项目的用户在进行负荷削减时是完全自愿的。另一类是激励的需求侧响应，即电网公司或者ISO通过制定确定性的或者随时间变化的政策,来激励用户在电网可靠性受到影响或者电价较高时削减负荷,包括直接负荷控制、可中断负荷、需求侧竞价、紧急需求响应和容量/辅助服务计划等。激励费率一般是独立于或者叠加于用户的零售电价之上的,并且有电价折扣或者切除负荷赔偿这两种方式。参与此类 DR 项目的用户一般需要与 DR 的实施机构签订合同,明确用户的基本负荷消费量和削减负荷量的计算方法、激励费率的确定方法和用户不能响应 DR 时的惩罚措施等。

(三) 多场景的负荷控制策略,支撑泛在智能电网建设

1. 大型受端电网故障应急

随着电网规模的不断扩大和电力负荷的日益增长,以清洁能源为主导、以电为中心的能源新格局逐步形成,区域电网加快迈进特高压、大电网、高比例清洁能源时代,电网大范围优化配置资源能力显著提升。与此同时,电网一体化特征不断加强,直流跨区输送容量不断增加,交直流、送受端电网间耦合日益紧密,故障对电网的影响由局部转为全局。以特高压交直流混联为特征的大受端电网易发连锁故障,一旦发生直流闭锁,频率稳定问题可能随之出现。电网大面积停电的风险始终存在。

2. 主配电网

主动配电网(active distribution network,ADN)指包含各种分布式能源,如分布式发电、可控负荷、储能装置等,同时具备综合调控源、网、荷等复杂装置能力的配电网络。不同于传统配电网被动接纳分布式能源的控制方式,主动配电网追求采用更为有效的控制方式,保证电网运行的有序性,提高电网运行水平,提升电网运行综合效益。灵活的网络拓扑结构以及对并网新能源的主动控制管理是主动配电网的两个核心特征。开放式标准的统一电网模型建立、先进信息通信技术(Information Communication Technology,ICT)的运用以及多样化的控制结构与高级应用算法,都是目前主动配电网技术的研究热点,与之配套的主动配电网协同优化系统作为多种控制结构的载体也受到了广泛的关注。通过需求侧响应和主动配电系统友好互动,实现电力系统的移峰填谷和智慧用电。

支撑公司特高压故障应急保护、主动配电网建设,满足电网"网、源、荷、储"等资源互济互动需求,构建用户侧负荷测控方案、分析模型和恢复策略,全面提升电网弹性能力。图 4.3 概括了设计思路三。

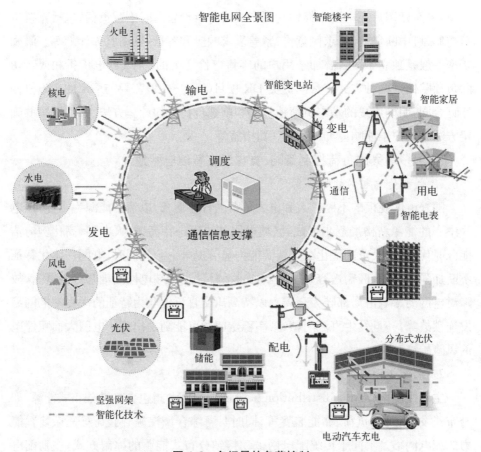

图 4.3　多场景的负荷控制

3. 实施终端及主站安全防护，确保安全可靠

网络与信息安全工作严格落实国家、行业和国家电网公司相关要求，其中，管理方面实行统一领导、分级管理，贯彻落实"谁主管，谁负责；谁运行，谁负责；谁使用，谁负责；管业务必须管安全"的责任划分原则，同时遵循"统一指挥、密切配合、职责明确、流程规范、响应及时"的工作协同原则，建立公司内部、外部协同联动机制。技术方面以国家信息安全等级保护要求为依据，坚持"分区分域、安全接入、动态感知、全面防护"的总体防护策略，从物理、网络、主机、应用、数据等方面进行安全防护，构建信息安全防护的技术体系。

源网荷系统信息网络将电力信息网络延伸到用户侧，使原有电网封闭隔离的网络边界更加模糊化，带来了非传统安全隐患。攻击者可利用源网荷系统用户侧网络攻击电力信息网络,对信息内网业务系统的完整性、保密性、可用性造成破坏。传统用电信息采集终端接入主要采用基于230 MHz频段的无线专网、租用运营商无线公网链路两种方式。这两种接入方式由于具有带宽低、响应速度慢、线路不稳定、安全性不足等特点,无法支持多种业务的灵活开展。另外,用户侧终端接入环境复杂,没有现成的标准可循。

　　落实国家电力监控系统安全管理规定,对终端和主站实施"横向隔离、纵向加密"的信息安全防护策略,部署大规模供需友好互动系统,确保负荷控制的高效、安全、可靠。图4.4概括了设计思路四。

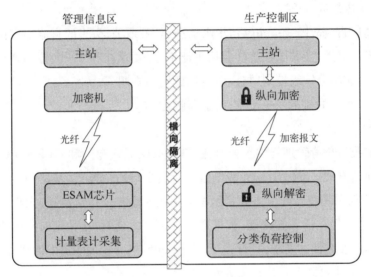

图 4.4　终端及主站安全防护

二、系统面临的挑战

(一) 面临的挑战——特高压需要解决的问题

1. 系统保护频率紧急控制

　　多回特高压直流同时故障,电网整体功率缺额巨大,系统频率跌落严重。江苏电网通过安控系统,系统紧急控制功能可在1 s内切除苏州南部分区可中断负荷,在发电机一次调频、AGC[①]作用前实施完毕。

----

① AGC自动发电控制,能源管理系统功能之一。

2. 系统保护频率紧急控制

锦苏特高压直流故障后,可能造成苏州南部重要输电通道潮流超过稳定限额,要求江苏省调 15 min 内控制到位。系统互动功能可在 10 s 内实施到位,与苏州地区快速切除负荷相协调。

3. 联络线功率超用

特高压直流故障后,华东动态 ACE[1] 启动,直流失去省级电网、网调直调机组分摊失去功率,江苏电网省际联络线受进功率可能大幅超计划,要求江苏 30 min 内控制到位。系统互动功能可实现分钟级控制,与发电备用调用相协调。

4. 旋转备用不足

特高压直流故障 30 min 后,华东动态 ACE 取消,失去的直流功率由所有直流落点省份分摊,江苏电网旋转备用可能不足,要求江苏 1 h 内控制到位。通过互动系统,实施分钟级控制,与发电备用调用相协调。

（二）面临的挑战——负控系统面临困难

1. 远程网络通信能力不足

目前我省负荷管理终端主要采用 230 MHz 无线专网和 GPRS 无线公网的双信道通信方式。230 MHz 无线电台是短波窄带通信方式,基站的最高速率仅 19.2 KBPS,采用串行通信方式,无法对大量终端进行并发控制;无线公网通信虽然容量大,但在话务高峰期,数据通信存在严重延时,在特定时间内无法满足负荷控制对实时性的要求,且存在于 Internet 网络非物理隔离的网络安全问题。

2. 终端控制输出和信息采集能力不足

目前负荷管理终端的功能设计,侧重于用户总负荷的监测、功率及预付费控制、电表数据的抄收。其只具有四轮控制输出回路,控制出口数量不足。且其功率负荷控制、预付费控制、远程遥控指令的控制逻辑和回路没有区分,没有快速控制响应出口,混合逻辑容易发生误动作。

3. 网络信息安全不足

根据国家能监办的要求,执行快速大用户负荷控制的系统应部署在生产控制大区。而负荷管理系统与调度 D5000 系统分属于不同等级的安全隔离区,之间的指令传输需要经过横向隔离装置。同时,230 MHz 无线电台和 GPRS 无线

---

[1] ACE 区域控制误差功能。

公网均属于无线通信方式,需要进行网络安全隔离才能接入到信息内网,隔离后通信性能将进一步下降。

4. 负控系统处理能力不足

负荷管理系统在并发控制数量、控制的实时性上还不能满足大规模负荷快速响应的要求。同时,其数据采集处理能力是按 15 min 的频度设计,尚不能满足秒级负荷数据采集监控的要求。

三、系统技术框架

源网荷友好互动系统由大区互联电网安全运行智能控制系统、大规模供需友好互动系统、主动配电系统三个子系统组成,通过信息通信系统进行信息交互。大规模友好供需系统包括用采模块、负荷管理模块、用采采集支撑和负荷快速响应模块四部分组成。其中,负荷快速响应模块部署在生产控制区,作为调度大区互联电网安全控制系统的组成部分共同实现网荷智能互动。系统研制的智能网荷互动终端安装在可中断大用户侧,通过光纤信道分别连接到生产控制区内的负荷快速响应模块和 500 kV 集中切负荷站。500 kV 集中切负荷站适用于电网负荷紧急控制模式,由华东电网控制,直接实施对用户负荷的中断操作。负荷快速响应模块实现用户负荷的智能动态感知,根据用户负荷的实时变化情况对调度发起的负荷常规控制模式进行决策,控制智能网荷互动终端进行负荷中断。系统技术框架如图 4.5。在统一模型下,源网荷互动行为建模后,根据时间特性和互动构成,柔性互动环境下电网分析,最后进行柔性互动协调控制。

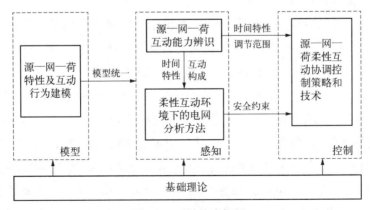

图 4.5 系统技术框架

第二节　源网荷友好互动系统功能

图 4.6 概括了源网荷友好互动系统的总体功能。

一、大区互联电网安全运行智能控制系统

负责特高压直流双极闭锁故障的感知,提出负荷控制策略并开展电网协调控制。

电网安全稳定控制系统是防止发生大面积停电和电网崩溃的主要技术手段。为满足我国电网目前和未来规划的大区交直流互联电网安全稳定运行的需要,通过在线决策、智能化等,从而保证电网稳定控制技术适应我国电力工业迅速发展,适应电网安全稳定运行的要求。

二、大规模供需友好互动系统

负责群控大用户可中断负荷,需求响应调节柔性负荷。建立大规模供需友好互动系统,在电网与用户间进行控制指令和运行信息的实时交互,提升负荷控制的精确性。将非工用户中央空调负荷和居民家庭大功率设备纳入电力需求侧管理,实现"电网故障感知"与"用户负荷柔性调控"的智能互动。利用先进的信息化、通信及控制技术,实现多层级、分批次的协调和精准控制,满足特高压各种类型故障应急处置及故障恢复要求。负荷快速控制实现如下:

(一)负荷快速控制模式

在电网遇到故障时,由调度 D5000 系统依据电网故障的紧急程度发起,实现负荷的快速控制。依据电网故障的紧急程度,负荷快速控制划分为三个模式,分别是:毫秒级紧急自动控制模式、秒级次紧急自动控制模式、分钟级经辅助决策和人工确认的常规控制模式。三种模式根据电网运行状态,按统一策略相继发挥作用,实现不同控制目标。紧急自动控制模式,是电网在突发故障时,系统频率短时跌幅较大,调度 D5000 系统接受华东电网频率紧急协调控制系统发出负荷控制指令,指令直接由调度控制中心下发到互动终端,终端动作切除用户负荷,全过程耗时约 910 ms,实现毫秒级可中断负荷切除。次紧急自动控制模式,是在电网故障发生中期,电网频率逐渐恢复稳定,在电网潮流越限、系统备用不

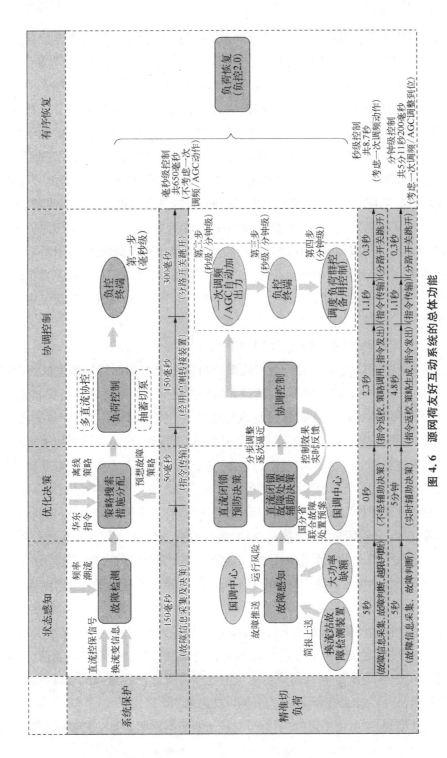

图 4.6 源网荷友好互动系统的总体功能

足或联络线功率仍超用时,调度 D5000 系统向负荷快速响应模块发起负荷控制指令,模块根据指令选择预定的负荷控制组终端下发负荷控制命令,终端动作切除用户负荷,全过程耗时约 10.36 s,实现秒级可中断负荷切除。常规自动控制模式,是在电网故障发生后期,电网已从故障中恢复正常,但仍有部分负荷缺口时,调度 D5000 系统向负荷快速响应模块发起负荷控制指令,模块根据负荷决策算法从可中断负荷的用户中选择满足要求的用户终端下发负荷控制命令,终端动作切除用户负荷,全过程耗时超过 15.36 s,实现分钟级可中断负荷切除。有序用电控制模式,即人工确认的常规控制模式,是在电网运行的高峰期,负荷出现缺口时,调控中心通知营销部,由营销部市场主业人员人工发起的负荷控制,控制指令从负荷管理模块透过物理隔离装置传递到负荷快速响应模块,模块根据负荷决策算法从可中断负荷的用户中选择满足要求的用户终端下发负荷控制命令,终端动作切除用户负荷,全过程耗时超过 35.36 s,实现分钟级可中断负荷切除。

(二)互动终端对负荷快速控制的支持

互动终端是供需互动系统为实现用户负荷快速控制而特别研发的终端设备,相较于现有的负荷管理终端,其最大的特点是毫秒级采样频率与控制输出、灵活的硬件伸缩配置以及性能强大的处理能力。支持对所有用户不同电压等级、不同性质负荷的交流电气量的信号采集、输出控制,满足与现场所有类型负荷数据采集控制的要求。高性能处理器:基于新一代嵌入式高性能数字信号处理器设计,实时处理能力强大,支持多种接口扩展。采用可伸缩硬件技术:支持多功能板件的硬件配置,满足用户接口扩展的需要。采用一体化硬件设计:采用标准尺寸、全封闭机箱、前插式板件,强弱电分开设计。多路交流电量采集:支持满足八个用户支路及进出线电压、电流多路交流电量的采集,支持采集的全相负荷支路数不少于 8 路、非全相支路不少于 12 路。支持以 PT 二次电压或低压 400 V 电压接入采集各种等级的母线电压。多路开关状态采集:支持 30 个无源开关量信号的采集,并可支持扩展。多路遥控开出控制:支持多达 12 支路遥控开出控制,可实现相应负荷线路的分合闸独立控制。多路串口通信:支持多路 RS485 串口通信,实现用户电能表的远程采集。强大的人机接口:采用大屏点阵液晶和多按键组合设计,人机接口功能强大。

互动终端的"电网稳定控制"部分对应于紧急与次紧急自动控制模式下的负

荷快速控制操作;"主站限电控制"部分对应于辅助决策和人工确认的常规控制模式下的负荷快速控制;"就地预设控制"部分则用于兼容现有负荷管理终端的本地功率控制功能。所有控制指令由"主站通信接收"模块统一接入、甄别与调度,经过各控制模块的解析与处理后,统一由"实时控制输出"模块操作开关控制矩阵进行负荷切除。"实时负荷采集与计算"模块通过灵活配置、自适应接线形式的交流电压电流量采集,计算出用户负荷线路的一次电压、电流、实时正反向有功功率、无功功率及所有负荷总加线路有功功率、无功功率,连同稳控、功控等控制状态通过"主站通信发送"模块实时上报给供需互动系统主站。

（三）供需互动系统主站的负荷快速控制功能

供需互动系统主站对于用户的负荷快速控制主要由负荷快速响应模块承担。负荷快速响应模块由负荷快速决策响应、跨区同步、数据存储、实时数据采集前置和调度接口五个部分组成,各部分功能如下:调度接口:实现透过物理隔离装置与调度 D5000 系统的控制指令与实时负荷数据交互;数据存储:实现实时负荷数据的快速存储与查询;负荷快速决策响应:实现用户的负荷动态感知与快速控制决策;跨区同步:实现互动终端与用户档案等信息数据透过物理隔离装置在管理信息区与营销控制区间的交互;实时数据采集前置:实现负荷数据的秒级实时采集以及控制命令的快速下发。根据供需互动系统的建设规划,系统主站预计将接入四万台互动终端,为了确保终端的高效并发与可靠性通信,实时数据采集前置在通信采集前置集群中采用一致性哈希算法将 4 万台终端均匀地分布到主站采集通信前置服务器上,每台服务器接入 400 台终端。新终端完成安装调试后,通信管理服务会根据终端标识计算对应的哈希值,同时根据哈希值将终端分配到对应的通信管理服务上。由于通信管理服务之间的区段是均匀划分的,从而确保每个通信管理服务的负载均衡。当某个通信管理服务发生故障时,其上所负载的终端会被重新计算哈希值,并被分散到其余工作正常的通信管理服务上,保障系统整体稳定运行。新增通信管理服务上线时,通信管理服务之间的区段会被重新划分,终端会依据哈希值在通信管理服务之间动态调配,使得各采集前置服务器负载保持动态均衡运行。当负荷快速响应模块收到控制指令时,互动终端与采集前置服务器保持着良好的动态均衡,控制指令可在同一时刻由各采集前置服务器发往各终端,使得各终端同时输出负荷控制动作,达到负荷快速切除的目标。

三、主动配电系统

CIGRE C6.19(2009～2014 年)提出了主动配电系统(ADS)规划与优化的研究报告。ADS 是在基于 ICT[①] 系统、智能控制装置、成本效益模式的基础上，充分利用现有资源(网络、分布式电源、储能、主动负荷)，对网络解(扩容)和非网络解(主动控制)进行权衡，对分布式能源(DER)各种系统组合，其目的是最大可能地利用现有资产和基础设施，满足负荷的发展和分布式能源接入的需求，使设备比过去在更接近其物理极限条件下工作(以前是限制负载率)，所述的主动配电网(ADN)就变为 ADS。"主动配网"在配网自动化集成上，实现可再生能源和可控负荷的管理和控制。主动配电系统的理念 ADN 的提出，其核心目标是需要协调"源—网—荷—储"的四元结构平衡，主要是应对因荷、源两者本身存在的不确定性所带来的被动局面，主动消除不确定性，确保四元结构的平衡。

四、信息通信系统

为实现用户侧电网安全指令的秒级响应和负荷终端的信息采集，需构建生产控制大区和管理信息大区两张终端接入网络，并满足国家及国家电网公司相关安全防护要求。随着分布式电源、微电网、多样性负荷等大量接入电网，源网荷友好互动形式呈现多样化，通信组网方案和安全策略也面临新的挑战。文中通过介绍源网荷友好互动系统的网络总体方案，详细探讨大用户安稳防御控制、营销生产控制大区、营销管理信息大区、可中断大用户接入等通信组网方案，并阐述了安全防护策略。通过江苏源网荷工程的实践，表明源网荷友好互动系统的通信组网方案可行有效。

在日常运行中，该系统通过需求侧响应和主动配电系统友好互动，实现电力移峰填谷和智慧用电；通过统筹调节电源侧出力和快速精准切除可中断负荷，应对大受端电网的频率失稳、断面越限、联络线超计划和备用不足等问题。

源网荷系统通过对负荷资源的分类、分级、分区域管理，实现电网、负荷、储能等资源的互济协调，并将电网故障应急处置分为状态感知、优化决策、协调控

---

① ICT(Information and Communication Technology) 即信息和通信技术，是电信服务、信息服务、IT 服务及应用的有机结合。

制和有序恢复四个阶段,分别制定处置策略。如果锦苏特高压发生故障,650 ms
内就可以完成首批可中断负荷的紧急切除,再辅以可中断负荷秒级控制和自动
发电控制(AGC)、旋转备用等策略,可有效应对其带来的各种影响。

第三节　源网荷友好互动系统运作模式

建设大规模供需友好互动系统,研发负荷快速响应模块、负荷管理模块、用
电信息采集模块等。主站系统通过光纤与用户侧的智能网荷互动终端互联,实
现负荷的快速、精准响应。图 4.7 表示了源网荷互动的模式。

供需互动系统由用采模块、负荷管理模块和负荷快速响应模块组成。其中,
负荷快速响应模块是实现负荷快速控制的核心部件,它部署在独立的营销控制
安全区,实现了与调度 D5000 系统的一体化集成,也是源网荷友好互动精准切
负荷系统关键组成部分。负荷快速响应模块通过光纤信道连接智能网荷互动终
端(以下简称"互动终端"),互动终端安装在电力客户的用电侧,接入电力客户的
各条进出线开关,实时监控各线路的负荷情况。负荷快速响应模块通过互动终
端以毫秒级的间隔实时采集电力客户负荷数据,采集到的数据经过计算,透过物
理隔离装置,传递到调度 D5000 系统及供需互动系统的负荷管理模块,作为负
荷快速控制的研判依据。以下是负荷快速响应与策略的四种模式运作。

一、紧急控制模式

对于直流双极闭锁等特高压输送通道故障后的第一阶段,此时主要是继电
保护装置或安全稳定装置动作的时间,此时电网调度系统尚未实现对故障类型、
可控制容量的辨识,因此必须依赖安稳系统实现对事先分级编组的负荷进行快
速切除,由安稳系统通过高速光纤通信网,实现切负荷指令的快速传递,完成末
端负荷的毫秒级切除。通过对工商业用户分路负荷快速切除的意义在于可以避
免系统频率的快速下降,抑制系统频率失稳,防止大规模停电事件的发生,将受
影响的供电负荷限制到最小范围内。

二、次紧急控制模式

对于直流双极闭锁等特高压输送通道故障后的第二阶段,此时是发电机组

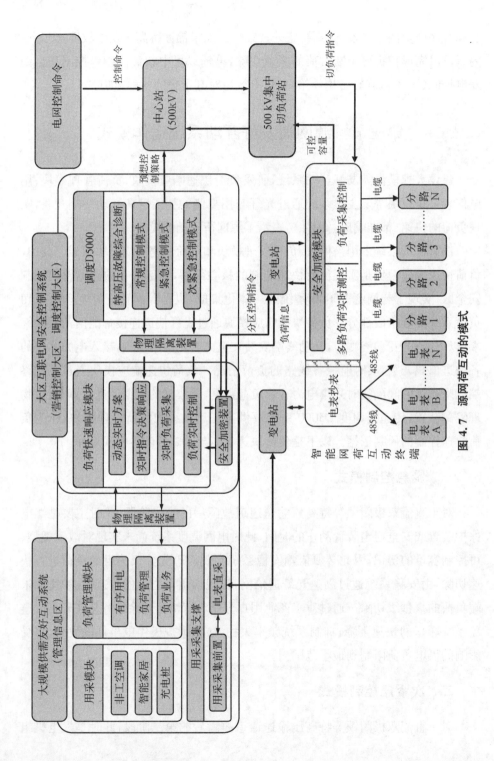

图 4.7 源网荷互动的模式

进行自主性一次调频,同时电网调度的在线故障辨识模块已经完成故障损失容量评估和负荷可控制容量的评估,因此可以分区域、分类别启动负荷自动式调控切除,依托光纤通信网络,对工商业用户的非生产性负荷的秒级群控。通过对工商业用户非生产性负荷的群控意义在于可以协助系统频率的恢复速度,抑制系统扰动,保证全网的供电质量和供电可靠性,保障重要用户重要设备的正常供电,减少对社会生产的影响。

三、常规控制模式

对于直流双极闭锁等特高压输送通道故障后的第三阶段,是 AGC 调控阶段,省网 EMS 系统将会对重要断面潮流、频率及电压进行越限恢复控制,使电网从故障态恢复到正常态,此时电网调度更多地关注机组的精细化出力调节。如果负荷要参与电网 AGC 调控,必须使得负荷具备调峰机组的调节特性。因此需要对负荷群按照调峰性能的要求进行快速分类和分组,在协议用户侧部署网荷互动终端进行负荷控制,将大量工业、商业和居民非生产性负荷构建成满足调度容量和响应速度的虚拟调峰机组,实现分钟级调控。通过将大量工业、商业和居民非生产性负荷构建虚拟调峰机组的意义在于可以提高电网从恢复状态调节到安全状态的速度,正常发挥了负荷参与电网调节的作用,实现负荷的友好互动。

四、有序用电模式

营销根据迎峰度夏、迎峰度冬有序用电控制要求,制定有序用电负荷控制方案;营销负荷管理模块通过负荷快速响应模块对参与有序用电的用户下发工控数据;线上方式邀约客户参加需求响应;获取参与需求响应客户实时的负荷数据,精准分析客户响应效果。

第四节　案例——以江苏省为例

2016 年,国内首套大规模源网荷友好互动系统(以下简称源网荷系统)在江苏电网投入运行。

该系统通过快速精准控制客户的可中断负荷,将大电网的事故应急处理时间从原先的分钟级提升至毫秒级,可显著增强大电网严重故障情况下的弹性承受能力和弹性恢复能力,大幅提升电网消纳可再生能源和充电负荷的弹性互动能力。这种可中断负荷是国网江苏省电力公司与用电客户协商,由客户自主选择后确定的一部分非核心、参与互动的用电负荷,如启停方便的生产线和空调用电、部分照明用电等,这部分负荷被切除后,客户关键的生产和安全保障用电不受任何影响,可最大限度地保障企业产能和电网设备安全。

该系统的快速切负荷功能是华东电网频率紧急控制系统的重要组成部分,也是公司特高压交直流电网系统保护的重要组成部分。此次投运的一期工程,通过对 1 370 户大用户光纤接入及终端改造,实现了对 350 万 kW 秒级可中断负荷的精准控制。其中,苏州地区具备 100 万 kW 毫秒级紧急控制能力。2016 年年底,国网江苏电力将完成 2 370 户终端改造,实现 550 万 kW 秒级精准控制,苏州地区具备 110 万 kW 毫秒级紧急控制能力;至 2020 年,累计实现 4 万户、1 200万 kW 秒级精准控制能力。

一、江苏省源网荷友好互动系统总体架构

总体架构是根据"统一标准、定制策略、支撑全网、安全可靠"原则,制定"一套系统""两大分区""三级控制""四大模块"。"一套系统"是指整合现有业务功能,构建大规模供需友好互动系统。"两大分区"是指系统部署在管理信息大区和生产控制大区。"三级控制"是指支持电网故障的负荷快速响应、有序用电及需求响应、费控等业务控制。"四类模块"是指负荷快速响应模块、分类负荷管理模块、用电信息采集模块、实时数据支撑平台。图 4.8 概括了系统总体架构。

二、江苏省源网荷系统运作模式

大规模供需友好互动系统与大区互联电网安全控制系统实现一体化集成,形成完整的一体化大区互联电网智能运行控制体系,秒级响应执行电网安全指令,实现用户负荷快速控制,同时满足生产控制区的安全防护要求。负荷快速响应模块既是大规模供需友好互动系统的组成部分,又是大区互联电网安全控制系统的组成部分,负荷快速响应模块采用省级集中部署在生产控制区,通过防火墙弱隔离与大区互联电网安全控制系统的全网协调控制模块互联。负荷快速响应模块的建设范围是全省可中断大用户,用户基础档案信息来自营销用电信息

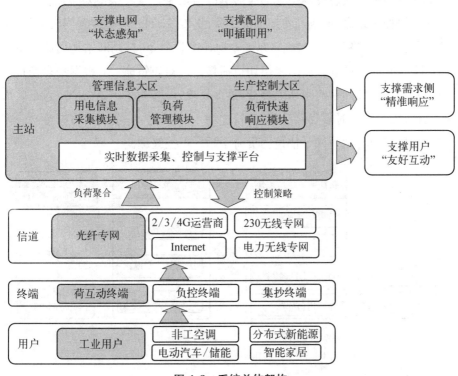

图 4.8 系统总体架构

采集系统,以识别用户的负荷类型,确定用户及其所属地区的可中断负荷量。用户换装智能网荷互动终端,通过光纤信道接入生产控制区的负荷快速响应模块。智能网荷互动终端具备毫秒级采样频率与秒级开关响应,搭配高速光纤通信信道,使得负荷快速响应模块能够实时采集用户负荷数据,动态感知用户开关动作情况。负荷快速响应模块从调度全网协调控制模块获得全网地区分区模型,根据模型实时推送地区分区负荷运行情况及可中断负荷情况。当调度因电网事故等原因需进行负荷控制时,负荷快速响应模块根据调度的负荷控制要求,根据预先定义的优先级在要求时限内切断预案内用户负荷。负荷快速响应模块在迎峰度夏、迎峰度冬期间响应营销用电信息采集系统的负荷控制要求,对用户下发工控指令,引导用户削峰填谷、合理用电。

（一）紧急控制模式

控制目标是要在特高压直流故障后,短时内抑制华东电网频率下跌。

图 4.9 显示了紧急控制模式的应对响应与策略。毫秒级应对策略一：接受华东频率协控主站命令，判断本地周波下降到 49.25 Hz、两套装置同时动作，发出切负荷指令；策略二：未接到华东频率协控主站命令时，判断本地周波下降到 49.25 Hz、两套装置同时动作，发出切负荷指令。对应策略一：根据华东切负荷量、负荷重要性，按同一时限切除负荷，最多切除六层；对应策略二：按六个轮次统一动作、采用不同时限切除负荷，每轮递增 1 s 延时。华东频率协控主站→木渎快速切负荷中心站→四个快速切负荷子站→负控终端。

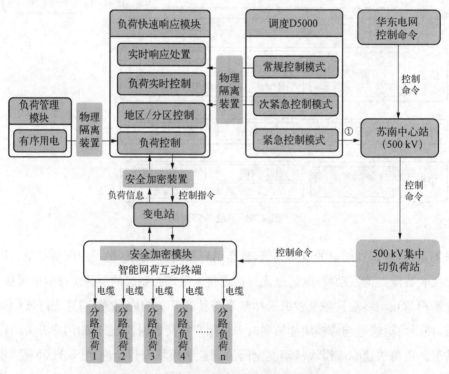

图 4.9 紧急控制模式的应对响应与策略

此时的执行流程是调度 D5000 或华东电网下发控制指令给中心站。中心站经过集中切负荷站将控制指令下发给智能网荷互动终端，进行负荷分类控制。立即启动预先定义的负荷控制策略，将控制指令发送给营销负荷快速响应模块，负荷快速响应模块采用预先定义的控制用户，直接进行控制。

（二）次紧急控制模式

控制目标是锦苏特高压直流双极闭锁后，自动快速切除苏州南部四个分区部分负荷,减轻重要输电通道潮流越限程度。

图 4.10 显示了次紧急控制模式的应对响应与策略。秒级响应,省调调度主站→营销负控主站→负控终端。营销负控主站收到调度主站次紧急控制指令后,按高耗能用户优先控制等原则,自动形成苏州南部四个分区的用户列表,并向这些用户发出控制指令。

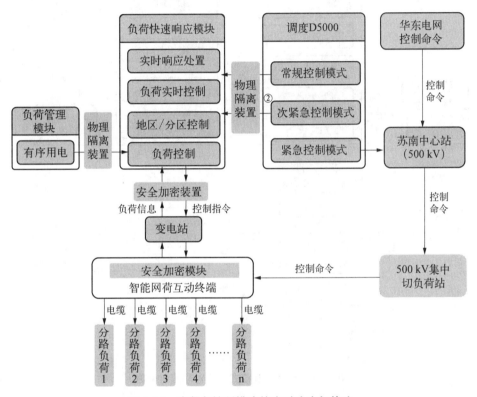

图 4.10　次紧急控制模式的应对响应与策略

此时启动条件是锦苏双极闭锁、500 kV 梅木双线潮流超稳定限额 50 万 kW,两个条件同时满足。执行流程是在满足启动条件后,调度主站系统直接将自动控制指令发送给营销负荷快速响应控制模块(只传输次紧急控制切负荷指令,无切负荷容量及策略)。

(三)常规控制模式

控制目标是特高压直流故障时,控制重要断面潮流越限,控制江苏省际联络线超用,控制系统旋转备用。

图 4.11 显示了常规控制模式的应对响应与策略。秒级/分钟级响应,省调调度主站→营销负控主站→负控终端。营销负控主站收到切负荷指令后,按高耗能用户优先控制等原则,自动形成各地区的用户列表,满足调度主站的总控制容量要求,并向这些用户发出控制指令。

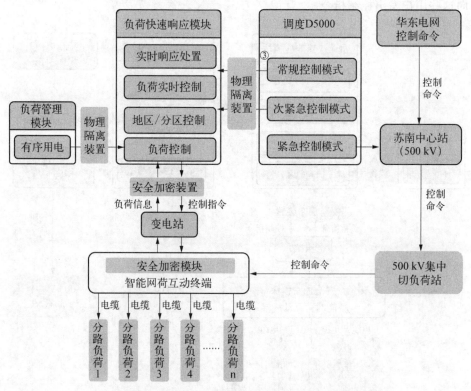

图 4.11 常规控制模式的应对响应与策略

执行流程是调度 D5000 实时计算出需切除的负荷量,将控制指令发送给负荷快速响应模块进行负荷控制。

（四）有序用电模式

营销根据迎峰度夏、迎峰度冬有序用电控制要求,制定有序用电负荷控制方案。营销负荷管理模块通过负荷快速响应模块对参与有序用电的用户下发工控数据。线上方式邀约客户参加需求响应。获取参与需求响应客户实时的负荷数据,精准分析客户响应效果。

此时的控制目标是特高压直流故障时,控制重要断面潮流越限,控制江苏省际联络线超用,控制系统旋转备用。执行流程是调度 D5000 实时计算出需切除的负荷量,将控制指令发送给负荷快速响应模块进行负荷控制。图 4.12 显示了有序用电模式的应对响应与策略。

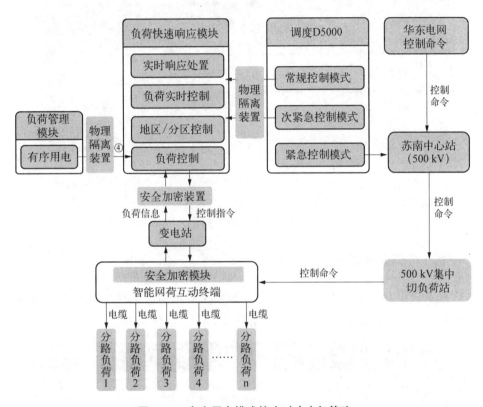

图 4.12　有序用电模式的应对响应与策略

第五节　源网荷友好互动系统操作

大规模供需友好互动系统是对可中断负荷的实时精准控制的功能。

一、管理员登录

管理员登录界面如图 4.13 所示,管理员根据用户名和密码登录系统。

图 4.13 管理员登录页面

二、可切除负荷信息

登录供需友好互动系统首页,首页即显示全省可切负荷的日负荷曲线、不同电压等级的实时可切负荷量等信息。如图 4.14、4.15 所示。

图 4.14 可切除负荷信息

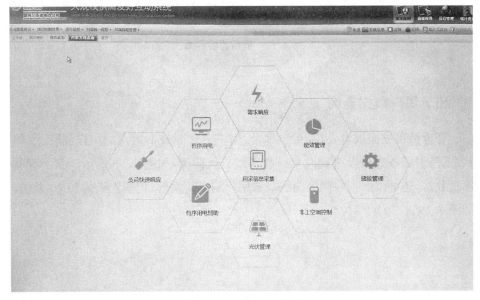

图 4.15 可切除负荷信息

三、互动控制

点击供需互动控制桌面,桌面目录包括有序用电、需求响应、用采信息采集等内容。如图 4.16 所示。

图 4.16 互动控制界面

四、负荷监控

登录系统,点击首页,在源网荷系统负荷监控界面的左上角的用户属性处,可输入想查的负荷,如大工业用电用户。如图 4.17 所示。

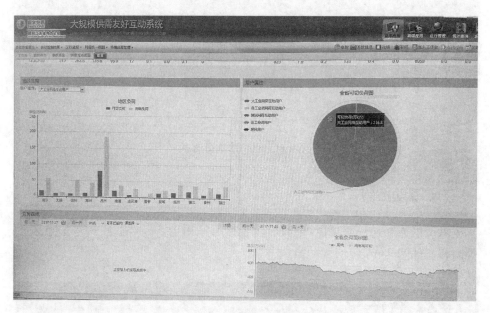

图 4.17 负荷监控界面

五、用户数据查询

管理员可根据供电公司、用户编号、用户名称等查询用户的用户属性、签约状态、是否已核查以及进线总负荷和出线总负荷等,如图 4.18 所示。除了查看项目数据,还可以点击右侧的曲线查看用户的负荷波形,包括 1 天的和 10 天的,如图 4.19、4.20 所示。

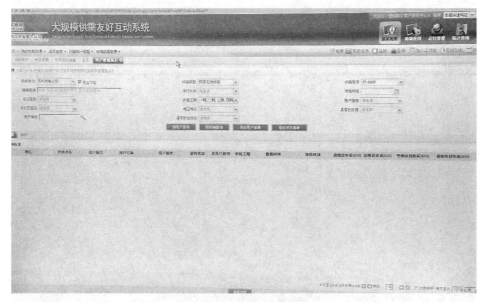

图 4.18　用户数据查询界面

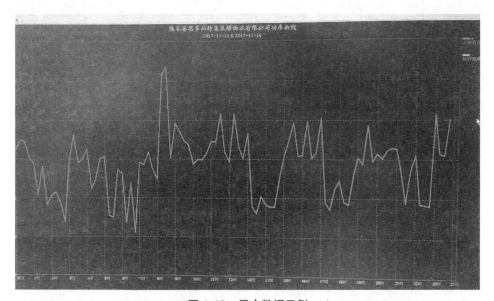

图 4.19　用户数据示例

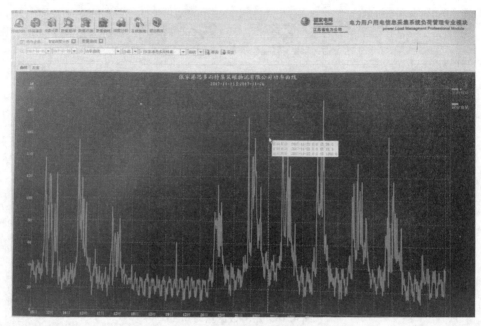

图 4.20　用户数据示例

思考与练习

1. 源网荷友好互动系统由哪些系统组成？

2. 源网荷友好互动系统能解决哪些电网运行中的困难？

3. 大区互联电网安全运行智能控制系统，大规模供需友好互动系统，主动配电系统分别能解决哪些问题？

4. 源网荷友好互动系统运作模式分为哪几种？

第五章　网荷互动用户的选择

电力在国民经济的发展中起着至关重要的作用。电力的发展不仅能促进国家经济的快速发展以及产业结构的持续提升,同时可以使人民生活水平不断提高。如今,电力系统的基本任务已经由为用户提供电能转变为能够不间断地为广大用户提供优质、稳定和可靠的电能,并满足国家现代工农业生产、交通运输、国防事业、商业及家用电器、医疗电器等方面的需求。然而,各种新型用电设备的出现使得汽车动力由化石能源转变成电能,同时,越来越多的新兴用电设备投入电网,对电网质量的要求也不断提高。

作为电力系统功率瞬时平衡的一方,负荷特性及行为特征很大程度上决定着电网的安全性和经济性。不同负荷对供电可靠性要求是有区别的。一般来说,电力负荷是指变电站供电区域内用电设备的总称,不仅包括用户的用电设备,也包括次输电网络、配电网络的设备。本章将对电力用户负荷的实际特性进行客观分析,为网荷互动提供准确、合理的科学依据。

第一节　用户筛选标准及流程

源网荷友好互动系统通过对用户非生产性、可快速中断负荷进行实时监测和控制改造,当电网发生紧急情况时,系统将毫秒级自动跳开接入用户的分路开关,达到迅速降低用电负荷的目的。

首先,用户向电网公司发起申请。用户在确保用电安全的情况下,应根据自身生产工艺和设备情况,选择合适负荷接入源网荷系统,占接入负荷应为非生产性负荷或一般性辅助生产负荷。

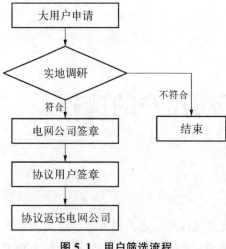

图 5.1　用户筛选流程

其次,电网公司对发起申请用户进行用户调研,用户调研主要包括用户调研情况表上传系统、起草并打印"客户负荷互动避让协议"、部门分管领导审核可切回路是否满足要求。

再次,电网公司签章并送达用户,电网企业告知用户补偿政策和标准,并在与用户签订的协议中予以明确。鼓励电能服务商发挥专业优势,承担企业分类负荷的监控改造,接入源网荷系统,并按照标准和协议获取相应收益。

最后,协议用户签章,把协议返还电网公司。

用户筛选流程见图 5.1。

第二节　源网荷互动的技术要求

一、柔性负荷调节技术

从 21 世纪初开始,我国电力供需日趋紧张,拉闸限电频繁,多地相继提前出现电荒。面对严峻的电力供需形势,合理的电力调度显得尤为重要。这需要将电力负荷控制技术充分应用到需求侧管理中去,一方面利用电力负荷控制系统提高用户终端的用电效益;另一方面建立大用户用电档案,掌管其负荷变化、电量增减规律,实现电力用户差异化服务,有效地控制电力负荷,建立正常的供用电秩序,确保安全经济用电。

(一) 柔性负荷的控制技术

恰当的激励机制是充分发挥负荷柔性作用,同时保障电力提供者和消费者双方利益的关键。由于各地区生活水平以及用电习惯的差异,用户对激励机制的响应行为也是一项值得研究的课题。

1. 柔性负荷响应行为研究

由于各地生活水平以及用电习惯的差异,负荷对实时电价的响应行为不尽相同。但是,用电环境与用电模式相互影响,且具有一定的规律。现实中并不是所有用户的用电行为都可以用利润来准确衡量,同时电力用户也不可能对自己的用电行为进行精确的经济性评估。柔性负荷对电价响应行为的研究,应该主要从以下两方面着手:

(1) 开展大范围调查调研。研究负荷对电价响应的灵敏程度,并对其进行量化模拟。

(2) 对当地电力用户行为进行统计学研究。从用户的历史行为中挖掘信息,确定负荷中刚性部分与柔性部分的比重以及柔性负荷的行为机制。

2. 控制方式

电力柔性负荷的直接控制方式是在用户自愿并确定有控制效果的情况下,在用户端通过技术措施,对用户用电进行直接控制,其内容包括用电量控制、最大负荷使用量控制以及电力电量时间的控制。直接控制又可分为分散电力负荷控制和集中电力负荷控制两种。分散电力负荷控制是指在用户侧装设各种功能的本地控制装置,如分散型定量器以及各种电力测控仪,这些装置既相互联系,又独立地发挥着各自的控制作用。集中电力负荷控制是指负荷控制中心通过信道传输各种电力负荷控制指令到用户侧接收端,直接来控制用户端用电设备。集中式负荷控制技术更灵活,更能适应发电能力变化和用电负荷变化的要求。按信号的传输方式分类,集中电力负荷控制技术又可分为无线电力负荷控制技术及工频、载波和音频电力负荷控制技术。

目前,我国采用的电力负荷控制系统大多具有遥控功能、遥信功能、远方终端的当地闭环控制功能、系统参数设置功能、中继站控制功能、系统操控功能、用电管理功能、系统管理功能和防窃电功能等多种功能。

(二) 负荷柔性的实现方式

现代电力系统正面临资源枯竭、环境污染等问题带来的严峻挑战,电力系统负荷的柔性控制应该从开源和节流两个方面入手,减少资源消耗、降低污染物排放、提高资产利用效率。开源指的是积极发展可再生能源与分布式能源发电技术,补充传统火电供给的不足;节流指的是提高火电发电效率,提高电力资产利用率,以最小的资源消耗产生最大的社会效益。在实现以上目标的过程中,可以考虑从以下几个方面充分发挥电力负荷的灵活性。

1. 增加分布式能源接入

为缓解传统的以煤炭、石油等矿物资源为燃料的火力发电不足的问题,以风电发电和太阳能发电为代表的新型清洁、可再生能源发电技术近年来得到快速发展。其中,风电发电因风能资源巨大、发电成本相对廉价以及具有大规模并网的潜力而受到各国的青睐。但是,风电出力可以变得智能化,根据电网风电、太阳能及其他分布式能源发电出力的波动性,灵活地调整负荷的实时功率,就可以进一步加大分布式发电能源的接入容量,从而达到更大的电力资源利用率。

2. 改善电网运行经济性与安全性

随着我国城市化进程的加快,城市电网峰谷差不断增大。过大的峰谷负荷差,在要求电网增加固定资产投资、加强电源和电网建设以满足峰荷需求的同时,也造成谷荷时电量电力资产利用率低下,甚至被迫闲置。此外,发电机组发电成本与输电线路损耗与其发出或传输的有功功率的平方成正比的特性,也造成峰荷时电网运行经济性的下降。鉴于以上原因,将部分峰荷时的负荷转移到谷荷有利于提高电力资产利用效率,同时还可以降低系统运行成本。

极端的负荷水平势必导致电力系统运行在其安全稳定运行约束的边缘,带来系统安全隐患。作为保障电网运行安全整个电网安全运行的第三道也是最后一道防线,超出电网输送能力极限部分的负荷将被切除以保障整个电网的安全运行。在智能电网中,电力调度部门在电力供应紧张时,通过发布电价或其他激励信息,引导柔性电力负荷主动避开用电高峰,选择价格更加低廉的其他时间段的电量,从而减少切负荷情况的发生,减少电力系统负荷损失。

3. 电动汽车充放电控制

电动汽车作为清洁能源产业的一个重要分支,具有其特殊性。电动汽车不仅是电能的使用者,同时也可作为移动的、分布式储能单元接入电网。与其他负荷相比,电动汽车不但能够起到更好的削峰填谷的作用,而且还能作为系统的旋转备用。电动汽车充电行为的不确定性,势必对电网运行调度带来冲击。研究表明,大量电动汽车的无序充电会显著增大配电系统的网损,并损害电能质量;反之,如果对电动汽车的充电行为进行协调优化控制,则可以化不利为有利,降低系统的峰荷需求,并在很大程度上减轻上述负面影响。

在更完善的智能电网系统中,电动汽车能够作为电能双向交易者,在电网谷荷时以低廉的电价购入电能,满足自身使用需求;在峰荷时高价卖出电能或充当备用电源以获取利润。总之,完善的电力市场与管理机制,不但可以消除电动汽车大规模接入电网带来的负面影响,而且可以将数量庞大的电动汽车作为柔性负荷加以利用,改善电网运行状态。

二、需求响应技术

对于电力用户,需求侧管理的实施可以让用户减少电费支出;对于电力企业,高峰负荷得以削减和转移,低谷负荷得以提高,电网负荷率得以改善运行,费用得以降低,同时电源和电网的投资也得以降低,也就是说电力需求侧管理的实施,将会造就电力用户和电力公司双赢的局面,总之,加强电力需求侧管理工作,深入研究电力需求响应技术,对于调节电网柔性负荷以及未来电网的发展具有积极而深远的意义。

(一) 电力需求侧管理的内容和实施手段

电力需求侧管理(Demand Side Management,DSM),是指通过有效的激励措施,引导电力用户优化用电方式,提高终端用电效率,达到节约能源、改善和保护环境、实现低成本电力服务所进行的用电管理活动。国内外的实践证明,开展电力需求侧管理,能有效调节电力需求,促进电力工业的可持续发展。

1. 电力需求侧管理的内容

电力需求侧管理的目标主要集中在电力用户用电量的节约和控制上,具体内容如下:

(1) 削峰,降低电网的高峰负荷。

(2) 填谷,提高电网负荷低谷时期的用电量。

(3) 移峰填谷,将用户高峰时期的用电转移到低谷去使用。

(4) 整体性节电,通过推广节点设备的应用来提高用户终端的效率。

(5) 可变负荷方式,通过改变用户的用电方式来改变用电负荷。

2. 电力需求侧管理的实施手段

在电力需求侧管理的实施手段方面,主要包括技术手段、经济手段和行政手段。

(1) 技术手段。通过提高用电效率,如采用先进的节电技术和高效设备来提高用电效率,在满足同样能源服务的同时减少用户的电量消耗;通过负荷调整,以某种方式将用户的电力需求从负荷高峰期削减、转移或增加低谷时期的用电,改变电力需求在时序上的分布,达到平稳电网负荷的目的。

(2) 经济手段。主要通过电价鼓励、折让鼓励和免费安装鼓励等手段来实现。

(3) 行政手段。是指政府及其有关职能部门,在国家法律的框架内,以行政力量来推动节能、约束浪费、保护环境的一种管理活动。

(二) 需求响应技术

需求响应(Demand Response, DR)即电力需求响应的简称,是指当电力批发市场价格升高或系统可靠性受威胁时,电力用户接收到供电方式发出的诱导性减少负荷的直接补偿通知或者电力价格上升的信号后,改变其固有的习惯用电模式,达到减少或者推移某段时间的用电负荷而响应电力供应,从而保障电网稳定,并抑制电价上升的短期行为。它是需求侧管理的解决方案之一。

需求侧响应技术的内容主要包括:具有双向通信功能的分段式电表,多层次的顾客友好型通信途径;能提供实时分段负荷数据、分析负荷调整绩效、提供能源诊断及可能的负荷削弱目标等能源信息;高电价或电力系统紧急情形下的最优需求调整策略;终端消费层实施最优化自动负荷调整功能的负荷控制器或植入式能源管理控制系统;作为紧急负荷备用或用作主电源供应的现场发电设备等。以上功能可以大致归类为:

(1) 计量技术。先进的计量技术可以支持比以往的计量装置更多的计量功能,包括储存分时段消费信息,记录和显示瞬时负荷信息,包括有功、无功、视在功率,电压、电流和负荷率等。

(2) 远方通信设备。主要应用于供电公司、市场运营者、中间商及消费者的远方抄表和远方控制设备;远方通信还包括使用多种通信渠道通知消费者或者自主进行用电设施调整的通信设施。

(3) 控制设备的相关软件,以及各种智能型用电设施。

其中先进计量技术和远方通信技术的结合构成先进计量系统,即高级量测系统。智能控制技术和远方通信技术的结合构成智能控制系统,即电能公共服务平台。这些技术的使用,使得各个用户依据自身的价格取向进行各自的实时响应成为可能,可对电力需求弹性产生强大影响,为需求响应提供规模化应用支撑。高级量测系统主要实现用户智能电能表用电信息采集,电能服务平台主要实现用户内部用电、用能信息采集。

（三）需求响应技术应用于消纳大规模分布式能源

大规模风电、光伏的随机性和波动性给电网调度带来巨大困难,利用需求响应来配合可再生能源发电运行以降低可再生能源发电的波动性是在技术上与经济上都极佳的解决方案。多个国家要求采用需求响应来保障新能源的接入,将需求响应和可再生能源消纳的促进关系融入单边开放和双边开放的电力市场组织结构,构成交易和价格机制。采用潜在动态博弈理论分析用户之前的协调和互动,通过实时电价机制引导用户在风电出力高峰时多用电,低谷时少用电,并结合一定数量的可控负荷和动态需求响应,使用户的负荷曲线和风电出力互补,从而平缓新能源波动,减少系统运行负担,提高分布式能源的接纳能力。需求响应与可再生能源结合发电组合的模式也开创了需求响应项目的新型运行方式。在微电网中,可以采用居民温控负荷的直接负荷控制和常规发电、储能的联合调控来抑制分布式新能源引起的微电网联络线功率波动。为了更精准地选用合适的需求响应用户来缓解新能源发电的波动性,采用频域互谱分析的方法,对风电发电曲线与用户需求曲线的频域波动特征进行比对,找出匹配风力发电的需求响应目标用户群体,分析风电的渗透接入对需求响应策略的影响。另外,自动需求响应的采用能够有效缓解由于间歇性可再生能源接入带来的电力供需矛盾,且其成本只有使用储能装置的 10%。

三、云计算技术

云计算(Cloud Computing)是近年来得到快速发展的一种崭新的计算模式,是若干新计算技术的统称。通过建立需求侧管理系统云计算平台,可以有效整合系统中现有的计算资源,为各种分析计算任务提供强大的计算与存储能力支持。

（一）云计算技术的定义及特点

美国国家标准与技术研究院(NIST)定义:云计算是一种按使用量付费的计算资源获取方式,可用的,便捷的,按需的网络访问,计算资源共享池(网络,服务器,存储,应用软件,服务)能够被快速获取并配置,管理工作的投入显著减少,与供应商的交互有效降低。随着计算机计算的日新月异和互联网应用的不断增长,数据中心和 IT 基础设施规模呈现爆炸性增长,而伴随其产生的还有系统建设成本增加,周期变长以及大量系统资源利用率不足的问题。这些闲置的资源如何被更好地利用和高效控制,成为降低资金和运营成本过程中亟待解决的问题。在这一背景下,云计算技术迎来了难得的发展机遇。

云计算通过虚拟化方式提供动态资源池,使得资源的利用率更加高效,与传统的计算模式相比,现阶段的云计算技术具有以下特点:

(1)云计算的底层硬件基础架构是由大量的廉价服务器集群构成的。在传统的计算模式中,要想获得性能强大的计算能力,那就意味着昂贵的价格。而云计算使用虚拟化技术手段,利用廉价的服务器,将其资源整合,从而实现性能强大且价格低廉。

(2)云计算的底层结构与应用程序协作开发,使得资源利用最大化。传统计算模式中的应用程序必须在完整的软件(操作系统)和硬件基础上运行,也就是应用建立在完整的底层硬件上。而云计算采用了底层硬件架构与上层应用程序协同设计的方法,更好地利用了资源。

(3)云计算通过软件的方法利用服务器集群中失效节点产生的冗余,获得资源优化利用。廉价服务器之间的节点失效问题不可避免,它不仅会影响系统性能,还会造成资源的利用效率低下。在设计软件时考虑到节点之间的容错问题,有效利用冗余节点,不只可以提高资源的利用率,还可以提高整个系统的性能。

(二)云计算基础架构

云计算平台是一个强大的"云"网络,连接了大量并发的网络计算和服务,可利用虚拟化技术扩展每一个服务器的能力,将各自的资源通过云计算平台结合起来,提供超级计算和存储能力。

云计算技术体系结构分为物理资源层、资源池层、管理中间件层和 SOA 构建层四层。物理资源层包括计算机、存储器、网络设施、数据库和软件等;资源池层是将大量相同类型的资源构成同构或接近同构的资源池,如计算资源池、数据资源池等,构建资源池更多是物理资源的集成和管理工作;管理中间层负责对云计算的资源进行管理,并对众多应用任务进行调度,使资源能够高效、安全地为应用提供服务;SOA 构建层将云计算能力封装成标准的 Web Services 服务,并纳入到 SOA 体系进行管理和使用,包括服务注册、查找、访问和构建服务工作流等。管理中间层和资源池层是云计算技术的最关键部分,SOA 构建层的功能更多依靠外部设施提供。

(三) 云计算的关键技术

1. 编程模式

编程模式主要针对的是使用云计算的服务进行开发的用户,未来使这些用户能方便地利用云后端的资源,使用适合的编程模式编写相应程序来达成需要的目的或者提供服务。云计算中的编程模式应尽量方便简单,最好使得后台复杂的并行执行和任务调度向编程人员透明,从而使编程人员可以将精力集中于业务逻辑。现在几乎所有 IT 厂商提出的"云"计划中采用的编程模式,都是基于 Google 提出的 MapReduce 的编程模式,它不仅适用于云计算,在多核计算和并行处理上同样具有良好的性能。但该编程模式仅适用于编写数据处理为主、能够高度并行化的程序,简单说,它是对同类型数据的分布式处理,对于计算数据具有相互联系,不可分割的应用并不适合。如何改进该编程模式,实现真正意义上的并行编程,是 MapReduce 编程模式未来的发展方向。

2. 海量数据的存储模式

云计算系统由大量服务器组成,为保证数据的高可用和高可靠性,云计算的数据一般采用分布的方式来存储和管理。为保证数据存储安全,云计算也采用冗余存储的方式来保证存储数据的可靠性。由于云计算系统需要同时满足大量用户的需求,并行地为大量用户提供服务,因此云计算的数据存储技术必须具有高吞吐率,分布式存储正好满足了这一需求特点。现在,云计算的数据存储技术主要由谷歌的非开源的体系 GFS(Google File System)和 Hadoop 团队开发的对于 GFS 的开源实现 HDFS(Hadoop Distibuted File System),包括雅虎、英特尔、阿里巴巴在内的一大部分工厂厂商的云储存计划采用的都是 HDFS 的数据存储技术。

3. 海量数据的管理技术

云计算系统需要对分布式、海量数据集进行处理、分析,而且需要向用户提供高效的服务,因此数据管理技术也必须能够对大量数据进行高效的管理。由于云计算的特点是对大量的数据进行反复的读取和分析,数据的读取操作频率远远大于数据的更新频率,因此认为云中的数据管理是一种读效率优先的数据管理模式。在现有的云计算的数据管理技术中,最著名的是谷歌的 BigTable 数据管理技术,同时 Hadoop 开发团队开发了类似 BigTable 的开源数据管理模块。由于采用列存储的方式管理数据会造成写的不方便,因此如何提高数据的更新速率以及进一步提高随机读速率是未来的数据管理技术需要解决的问题。

4. 虚拟化技术

虚拟化技术是指计算元件在虚拟的基础上而不是真实的基础上运行,通过虚拟机的方式进行云计算资源的管理。由于虚拟机是一类特殊的软件,能够完全模拟硬件的执行,因此能够在上面运行操作系统,进而能够保留一整套运行环境语义。因此,可以将整个执行环境通过打包的方式传到其他物理节点上,使得执行环境与物理环境隔离,方便整个应用程序模块的部署。一般来说,通过将虚拟化的技术应用到云计算的平台,可以获得如下一些良好的特性。

(1) 云计算的管理平台能够动态地将计算平台定位到所需要的物理平台上,而无需停止运行在虚拟机平台上的应用程序,这比采用虚拟化技术之前的进程迁移方法更加灵活。

(2) 能够更加高效地使用主机资源,将多个负载不是很重的虚拟机计算节点合并到同一个物理节点上,从而能够关闭空闲的物理节点,达到节约电能的目的。

(3) 通过虚拟机在不同物理节点上的动态迁移,能够获得与应用无关的负载平衡性能。由于虚拟机包含了整个虚拟化的操作系统以及应用程序环境,因此在进行迁移的时候带着整个运行环境,达到了与应用无关的目的。

(4) 在部署上也更加灵活,即可以将虚拟机直接部署到物理计算平台,或者提供给用户的资源就直接是一个虚拟机,如亚马逊的 EC2。

虚拟环技术现在最成熟的系统包括 Xen 和 VMware,还有开源的系统 LinuxKvM。

四、通信技术

源网荷互动中所采用的通信方式既有电力行业专用通信网(简称专网),又有公共通信网(简称公网);既包括骨干网,也包括接入网。由于公网通信技术介绍的书籍较多,本节将着重介绍所使用的骨干传输网技术和终端通信接入网技术。

(一) 骨干传输网技术

骨干传输网采用了同步数学体系(Synchronous Digitai Hierarchy, SDH)、波分复用(Wavelength Division Multiplexing WDM)、多业务传输平台(Multi-ServiceTransfer Platform, MSTP)、分组传送网(PacketTransport Network, PTN)、光传送网(Optial Transport Network, OTN)、自动变换光网络

(Automatically Switched Optial Network，ASON)等多种传输技术，形成了以 2.5 Gbit/s 和 10 Gbit/s 为主的 SDH 光传输网络。

1. 同步数字体系

SDH 是光纤通信系统中的一种数字通信体系，定义了标准的传输速率体系和帧结构，包括 STM - 1(155 Mbit/s)，STM - 4(622 Mbit/s)，STM - 16(2.5 Gbit/s)，STM - 64(10 Gbit/s)，STM - 256(40 Gbit/s)。它是一个将复接、线路传输及交换功能融为一体的，并由统一网管系统操作的综合信息传送网络。通过复用、映射和同步方法组成一个技术体制，为不同速率数字信号提供相应等级的信息传送格式，是信息业务承载网络中普遍采用的主要通信方式。

在 SDH 网络中，不同传输速率的数字信号的复接和分接变得非常简单，通过软件即可从高速信号中一次直接分插出低速信号。SDH 的网络接口规范统一，使网管系统互通，可以在同一网络上使用不同厂家的设备，具有很好的横向兼容性。SDH 设备在帧结构中安排了丰富的、用于管理的开销比特，使网络的运行、管理和维护能力大大加强，提高了网络的效率和可靠性。

2. 波分复用

WDM 是在同一根光纤上同时传输两种或多种不同波长激光的技术。将两种或多种不同波长的光载波信号在发送端经复用器(亦称合波器，Multiplexer)汇合在一起，并耦合到光线路的同一根光纤中进行传输。在接收端，经解复用器(亦称分波器或解复用器 Demultiplexer)将各种波长的光载波分离，然后由光接收机作进一步处理以恢复原信号。

WDM 技术可以通过多个波长的复用增加单根光纤中传输的信道数来提高光纤的传输容量，在给定的信息传输容量下，可以减少所需要的光纤总数量。WDM 本质上是光域上的频分复用技术，每个波长通路通过频域的分割实现，占用一段光纤的带宽。WDM 系统采用的波长都是不同的，也就是特定标准波长。通信系统的设计不同，每个波长之间的间隔宽度也有不同。按照通道的不同，WDM 可以细分为 CWDM(稀疏波分复用)和 DWDM(密集波分复用)。CWDM 的信道间隔为 20 nm，而 DWDM 的信道间隔为 0.2～1.2 nm。

3. 多业务传输平台

MSTP 是基于 SDH 的多业务传输平台，即通过映射、VC 虚级联、GFP、LCAS 以及总线技术等手段将以太网、ATM、RPR、ESCON、FICON、MPLS 等已有成熟技术进行内嵌或融合到 SDH 上,成为能支持多种业务的传输系统。

MSTP 融合了 TDM 和以太网二层交换,通过二层交换实现数据的智能控制与管理,优化数据在 SDH 通道中的传输,并有效解决 ADM/DXC 设备业务单元和带宽固定、IP 设备组网能力有限和服务质量问题。

4. 分组传送网

PTN 是在 IP 业务和底层光传输媒介之间设置了一个层面,针对分组业务流量的突发性和统计复用传输的要求而设计,以分组业务为核心并支持多业务提供,具有更低的总体使用成本,包括高可用性和可靠性、高效的带宽管理机制和流量工程、便捷的操作维护与管理和网管、可拓展性、较高的安全性等。它具有以下特点:

PTN 支持多种基于分组交换业务的双向点对点连接通道,具有适合 PTN 各种粗细颗粒业务、端到端的组网能力,能提供更加适合于 IP 业务特征的"柔性"传输管道;具备丰富的保护方式,遇到网络故障时能够实现基于 50 ms 的电信级业务保护倒换,实现传输级别的业务保护和恢复;继承了 SDH 技术的操作、管理和维护机制,具有点对点连接的完整 OAM 体系,保证网络具备保护切换、错误检测和通道监控能力;完成了与 IP/MPLS 多种方式的互联互通,无缝承载核心 IP 业务;网管系统可以控制连接信道的建立和设置,实现了业务 QOS 的区分和保证,能灵活提供 SLA。

就实现方案而言,在目前的网络和技术条件下,总体来看,PTN 可分为传输技术和结合 MPLS 以太网增强技术两大类。前者以 T－MPLS 为代表,后者以 PBB－TE 为代表。

5. 光传送网

OTN 是以波分复用技术为基础、在光层组织网络的传输网,是下一代的骨干传输网。它跨越了传统的电域(数字传输)和光域(模拟传输),是管理电域和光域的统一标准。

OTN 技术包括了光层和电层的完整体系结构,各层网络都是相应的管理监控机制,光层和电层都具有网络生存性机制。OTN 设备基于光信道数据单元的交叉功能使得电路交换粒度由 SDH 的 155 Mbit/s 提高到 2.5 Gbit/s、10 Gbit/s、40 Gbit/s,从而实现大颗粒业务的灵活调度和保护。OTN 设备还可以引入基于 ASON 的智能控制平面,提高网络配置的灵活性和生存性。OTN 解决了传统 WDM 网络无波长/子波长业务调度能力、组网能力弱,保护能力弱等问题。

OTN 与 PTN 是完全不同的两种技术。OTN 是光传送网,是从传统的波分技术演进而来,主要加入了智能光交换功能,可以通过数据配置实现光交叉而不用人为跳纤,大大提升了波分设备的可维护性和组网的灵活性。同时,新的 OTN 网络也在逐渐向更大带宽、更大颗粒、更强的保护演进。PTN 是包传送网,是传送网与数据网融合的产物。主要协议是 TMPLS,较网络设备少 IP 层而多了开销报文。可实现环状组网和保护,是电信级的数据网络。

6. 自动交换光网络

ASON 是以 SDH 和 OTN 为基础,在信令网控制下完成光传送网内光网络连接、自动交换的新型网络。ASON 是一种具有灵活性、高可拓展性的能直接在光层上按需提供服务的光网络,分为传送平面、控制平面和管理平面。传送平面完成光信号传输、复用、配置保护倒换和交叉连接等功能,具有不同速率和多业务的物理接口;控制平面负责完成呼叫控制和连接控制功能,并在发生故障时自动恢复连接;管理平面主要面向网络运营者,侧重于对网络运行情况的掌握和网络资源的优化配置,完成对控制平面、传送平面以及数据通信网的管理功能。相对于传统的传输网络,ASON 引入了独有的控制平面技术,用以完成传送平面呼叫控制和连接控制。

ASON 采用先进的基于 IP 的光路由和控制算法使得光路的配置、选路和恢复成为可能,具有智能决策和动态调节能力,具有高度弹性和伸缩性。

ASON 为静态的光传送网引入智能,使之变为动态的光网络。IP 的灵活性和高效性、SDH 的保护能力、DWDM 的大容量,通过创新的分布式网管系统能使它们有机结合在一起,形成以软件为核心的能感知网络和用户服务需求,并能按需直接从光层提供服务的新一代光网络。

(二)终端通信接入网技术

1. 短距离无线通信技术

短距离无线通信泛指在较小的区域内(数百米)提供无线通信的技术。虽然短距离无线通信的覆盖范围非常有限,但是其更高的接入速率、更低的部署成本以及更小的功耗,不仅能够与无线公共通信网络形成有效互补,消除覆盖死角,还能给用户带来更加方便和灵活的接入体验。短距离无线通信技术主要包括 Wi-Fi、微功率、ZigBee、NFC 等。

2. Wi-Fi技术

Wi-Fi(Wireless Fidelity,无线保真)的正式名称是 IEEE 802.11b,是一个无线网络通信技术的品牌,由 Wi-Fi 联盟(Wi-Fi Alliance)所持有。IEEE 802.11b 无线网络规范是 IEEE 802.11 网络规范的拓展,最高宽带为 11 Mbit/s,在信号较弱或有干扰的情况下,宽带可调整为 2 Mbit/s 和 1 Mbit/s,宽带的自动调整,有效地保障了网络的稳定性和可靠性。随着技术的发展,以及 IEEE 802.11a 及 IEEE 802.11g 等标准的出现,现在 IEEE 802.11 这个标准已经统称为 Wi-Fi。

Wi-Fi 的主要特点如下:

(1) 无需布线,接入灵活。可以不受布线条件的限制,因此,非常适合移动用户的需要,具有广阔市场前景。目前它已经从传统的医疗保健、库存控制和管理服务等特殊行业向更多行业拓展。

(2) 速度快,可靠性高。在开放性区域,通信距离可达到数百米,在封闭性区域,通信距离为几十米到上百米,方便与现有的有线以太网整合,组网的成本更低。同蓝牙相比,虽然在数据安全性方面要差一些,但是在电波的覆盖范围方面要略胜一筹。

(3) 功耗低,健康安全。IEEE 802.11 规定的发射功率不可超过 100 MW,实际发射功率约 60~79 MW。手机发射功率约 200 MW~1 W,手持式对讲机高达 5 W,而且无线网络使用方式并非像手机直接接触人体,应该是绝对安全。

(4) 组建方法简单。一般架设无线网络的基本配备就是无线网卡及一台 AP,如此便能以无限的模式,配合既有的有线架构来分享网络资源,架设费用和复杂程序远远低于传统的有线网络。如果只是几台电脑的对等网,也可不要 AP,只需要每台电脑配备无线网卡。它主要在媒体存取控制层 MAC 中扮演无线工作站及有线局域网络的桥梁。有了 AP,就像一般有线网络的 Hub,无线工作站可以快速且轻易地与网络相连。特别是对于宽带的使用,Wi-Fi 更显优势。有线宽带网络 ADSL、小区 LAN 等到户后,连接到一个 AP,然后在电脑中安装一块无线网卡即可。普通的家庭有一个 AP 已经足够,甚至用户的林立得到授权后,则无需增加端口,也能以共享的无线方式上网。

3. 微功率无线通信技术

微功率无线通信技术采用自组织网卡构架,其发射功率不大于 50 mW,工作频率为公共计量频段 470～510 MHz,符合《微功率(短距离)无线电设备的技术要求》(信部无{2005}423 号)的规定。

微功率无线通信技术在用电信息采集应用中具有以下特点:

(1) 不需敷设专用通信线路。通过空间无线电磁波来传输数据信号,不需要额外的物理介质作为传输通路。

(2) 传输可靠性高。采用分频、调频方式避让干扰,在信道表传输上采用有效的纠错编码算法,以提高数据传输可靠性。

(3) 传输速率快。无线通信网络工作频率在 470～510 MHz 频段,每个频道有 200 kHz 宽带可用,可以实现较高的数据通信速率,可以达到 10 Kbit/s。

(4) 自组织网络结构。微功率无线通信网络采用信标组网方式,实现全网节点场强数值的完整收集,据此计算选择最优中继路由,保障通信网络的健壮性、收敛性。

(5) 通信不受台区供电范围限制。微功率无线通信网络能够通过组网覆盖临近台区通信节点。

(6) 可实现无线手持设备接入。在 30 m 范围内,利用无线手持设备调试主节点、子节点,在安装调试时具有良好的便利性。可在特殊情况下利用无线手持设备直接抄表。

4. ZigBee

ZigBee 是基于 IEEE 802.15.4 标准的低功耗个域网络协议,与蓝牙类似,是一种新型的短距离无线技术,其特点是近距离传输、低复杂度、自组织、低功耗、低数据速率、低成本,主要适合用于自动控制和远程控制领域,可以嵌入各种设备。它是一种低俗短距离传输的无线网络协议。其协议从下到上分为物理层(PHY)、媒体访问控制层(MAC)、传输层(TL)、网络层(NWK)、应用层(APL)等。

ZigBee 采用自组织网通信方式,工作在 2.4 GHz 频段,通信距离从标准的75 m 到几百米、几千米,并且支持无限扩展,在智能电网中可以得到很好的应用。

5. NFC

近场通信(Near Field Communication, NFC)技术又称近距离无线通信,是一种短距离的高频无线通信技术,允许电子设备之间进行非接触式点数据传输(在 10cm 内)交换数据。由免接触式射频识别(RFID)演变而来,并向下兼容

RFID。由于近场通信具有天然的安全性，以及连接建立的快速性，NFC 将非解除读卡器、非接触卡和点对点功能整合进单颗芯片，可以对无线网络进行快速、主动设置，服务于现有蜂窝网络、蓝牙和无线 802.11 设备。

NFC 技术主要采用三种模式进行工作。

（1）卡模式。这个模式其实就是相当于一张 RFID 卡片，可以替代现有大量 IC 卡。由于卡片通过非接触读卡器的 RF 域来供电，即便寄主设备没有电也可以工作。

（2）点对点模式。即将两个具备 NFC 功能的设备链接，实现数据点对点传输。与红外通信方式类似，可用于数据交换，只是传输距离较短，传输建立速度较快，传输速度更快，功耗更低。将两个具备 NFC 功能的设备链接，即可实现数据点对点传输。

（3）读卡器模式。即作为非接触读卡器使用，比如从海报或者展览信息电子标签上读取相关信息。还能够应用于简单的数据获取应用，比如公交车站站点信息、公园地图等信息的获取等。

考虑到 NFC 通信技术的安全性和便携性，NFC 技术未来可应用于电力行业的智能缴费、配用电终端的短距离通信等业务领域。

6. 工业以太网技术

工业以太网技术是普通以太网技术在工业控制网络中的延伸。工业以太网是基于 IEEE 802.3（Ethernet）的强大的区域和单元网络，工业以太网交换技术解决了现场总线网络的性能局限，每个以太网设备都能独享高宽带，从而缓解了带宽不足和网络"瓶颈"的问题，为未来更丰富更强大的自动化应用打下坚实的基础。工业以太网交换机相较于商用交换机，其关键技术主要体现在稳定性和可靠性设计技术、通信的确定性和实时性、各种拓扑结构组网能力、安全性技术四个方面。

（1）稳定性和可靠性设计技术。工业现场的电磁、机械、气候、尘埃等条件非常恶劣，传统的以太网不是为工业涉及应用而设计，没有考虑工业现场环境的适应性需要。首先，工业以太网交换机具有高电磁兼容的设计要求，必须解决电路之间的互相干扰，防止电子设备产生过强的电磁发射，防止电子设备对外界干扰过度敏感。其次，工业以太网交换机可能处于 85 摄氏度的极端工作环境，因此需要采用适当可靠的热设计方法控制交换机内部所有电子元器件的温度，使其在所处的工作环境条件下不超过稳定运行要求的最高温度,以保证交换机正常运行的安全性,长期运行的可靠性。

(2)通信的确定性和实时性。工业控制网络不同于普通数据网络的最大特点在于它必须满足控制作用对实时性的要求,即信号传输要足够的快和满足信号的确定性。实时控制往往要求对某些变量的数据准确定时刷新。传统以太网技术难以满足控制系统要求的准确定时通信的实时要求,一直被视为非确定的网络。工业以太网采取了快速以太网加大网络宽带、全双工交换式以太网、降低网络负载、应用报文优先级技术、精准网络时间同步等措施使得该问题基本得到解决。

(3)多种拓扑结构组网能力。工业控制领域需要高可靠的通信网络,可能会以环状结构组网,当环中某点出现故障时,环中的其他节点通信不能受影响。传统以太网交换机主要以星形拓扑方式组网,形成环状工作时会形成广播风暴。工业以太网交换机采用生成树算法(STP)、快速生成树算法(RSTP)、以太网环快速自愈算法等特殊的算法来避免系统形成广播风暴,保证换网的自愈时间满足工业现场的要求。

(4)安全性技术。由于智能变电站的一些开关控制信息需在网络上传输,如果变电站的某一台设备出现病毒或被黑客入侵,后果将不堪设想。因此必须通过权限控制、控制加密、端口速率控制和广播风暴抑制多种安全机制加强网络安全管理。

五、终端设备技术

网荷互动终端,安装在大型电力用户的变电站或者配电房等处,作为调度中心网荷互动主站系统的用户侧控制终端设备,用于实现用户负荷实时监测、负荷控制管理,同时可支持实现电网负荷应急响应控制要求的专用负荷管理终端装置。该终端设备不仅具有用户线路负荷实时采集、就地功率控制、远程预购电功能等常规负控终端的功能,还具备快速响应大电网事故下的快速负荷切除、事故告警音响及 VOIP 电话对讲广播等功能。

(一)设备结构及模块

智能网荷互动终端结构,见图 5.2 所示。

智能网荷互动终端是一种高速网络下以快速响应为主要目的的实时测控装置。智能网荷互动终端根据业务功能要求和安全隔离要求,分别由实时控制区

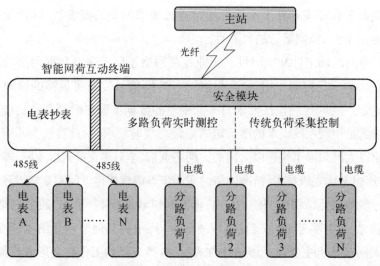

图 5.2　智能网荷互动终端结构

和用能管理区两个相互独立部分组成,以保证功能实现与通信接入的分离,满足供需友好互动系统的建设要求。

智能网荷互动终端功能模块包括用户接口、多任务处理、系统支持和硬件设备四个部分,见图 5.3。

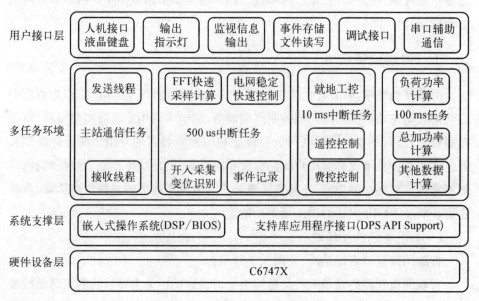

图 5.3　智能网荷互动终端功能模块

智能网荷互动终端设备，见图 5.4 所示。

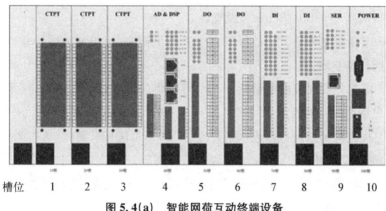

槽位　　1　　2　　3　　4　　5　　6　　7　　8　　9　　10

图 5.4(a)　智能网荷互动终端设备

槽位号	可插板件类型	说　　　明
1～3	CTPT	1～3 槽位可配置插入 1～3 块 CTPT 板，可配置最多 36 个采样通道
4	AD&DSP	DSP 板：DSP 板具有 3 个以太网 RJ45 接口，3 路串口、8 路 DI
5	DO/DI	可插入 DO 板（或 DI 板）：DI 板单板支持 30 路开关量；DO 板单板支持 6 组开关控制（分/合）
6	DO/DI	可插入 DO 板（或 DI 板），不需要时可不配置
7	DO/DI	可插入 DO 板（或 DI 板）
8	DI	只插入 DI 板，不需要时可不配置
9	SER	透传板，用于电表数据采集，具有 1 个以太网 RJ45 和 4 个 RJ485 串口，不于整可不配置。
10	POWER	电源板：电源输入为宽范围 85～265 V 直流电源/交流电源

图 5.4(b)　智能网荷互动终端设备

（二）主要功能

1. 实时采集

（1）三相交流电压、电流采集。实现电压、电流、有功、无功、功率因素、频率的测量和计算。

（2）状态量采集。开关状态、储能、闭锁等信号，遥信分辨率不大于 10 ms，软件防抖时间 10～60 000 ms 可设置；

（3）电量报文采集。具备可采集电表电量报文，以报文透明传输方式实现现场电能数据召测。

（4）可采集的交流模拟量达 36 个，可采集的开关量达 176 个，满足现场对多条用户负荷线路的控制。

（5）直流电量。具备多达六路直流 4～20 mA 信号采集。

2. 运行监控功能

（1）可监视多达八个支路的用户进出线的电压、电流、有功、无功等多个电气量数据，可监视同等数量的进出线开关状态等信息。

（2）可监视用户的实时负荷变化情况，并根据接收的主站下达相应负荷功率控制策略配置控制参数，控制管理用户的负荷。

（3）可对状态变位、功控记录、遥控操作、失电告警等多种类型事件进行记录存储和上传主站。

（4）可监视终端的功控模式、保电、剔除、通信异常等运行状况，及终端的异常断电或恢复等信息。

（5）具有历史数据存储能力，包括可记录不少于 1 个月的负荷曲线，不低于 256 条事件记录、256 条操作记录及不少于 10 条装置异常记录等信息。

（6）具备对时功能。能接收主站对时命令，或本地对时装置的网络、对时脉冲等多种对时命令，与系统时钟保持同步。

（7）具备通信监视功能。装置每个通信接口的通道监视功能。

3. 负荷管理功能

（1）电网稳定控制。可根据电网故障时的调度指令，实时接收主站的切负荷命令，完成负荷线路的秒级快速控制。

（2）就地功率控制。根据预设的用户负荷总加组的定值和参数，在功控功能投入时，监测的负荷功率，在预设的时段功率控、功率下浮控、厂休控、营业报停控等模式下，自动完成本地负荷功率控制。

（3）主站遥控限电。可接收主站的下发遥控分闸命令，延时切除相应的负荷线路，将负荷功率限定在主站指定的目标功率范围内。

（4）远程预购电控制。可依据主站采集的用户电量，计算用户电费余额发出告警提示，并执行相应的购电跳闸功能。

4. 数据透传功能

（1）智能电表数据透传。通过建立与用户各种规格电表的通信，通过主站通信接口接收主站远程读表命令，并通过电表通信接口转发至电表，同时可将电表返回的电能报文数据再通过网络传输给主站。

（2）其他设备数据透传。能与其他终端设备或 IDS 设备通信，实现主站与这类设备的通信数据报文透明传输。

5. 其他功能

（1）具备语音告警提示。具备将告警提示信息以液晶菜单文字显示，及通过语音播放的方式进行提示。

（2）具备禁控功能。设置就地禁控开关，可手动切换到终端控制信号禁止输出的方式。

（3）具备当地或远方维护功能。可进行参数、定值的远方修改整定，远程程序下载升级，提供本地调试软件或人机接口。

（4）具备自诊断、自恢复功能，可对重要功能板件或芯片进行自诊断，故障时能传送报警信息，异常时能自动复位。

（5）具备软硬件防误措施。采用高可靠性软件与硬件设计方案，保证控制操作的可靠性，控制回路提供明显的可断开点。

（6）具备话筒对讲功能。通过光纤通信采用 VOIP 电话，实现与主站的语音对讲、广播喊话功能。

（三）技术特点

1. 技术先进、功能强大

采用 TI 公司新一代高性能 C674xDSP 多核处理器，覆盖原有用户负荷管理终端的所有功能，并升级完善支持多达 12 个支路、四组不同等级电压采集，满足大用户多路进出线负荷同时采集的要求。

2. 瞬时响应、快速控制

实现主站用户负荷的秒级快速监视，实现电网紧急情况下的全网快速切除负荷控制，接收主站切除指令后最快可在 10 ms 内完成处理并出口，根据主站下达的负荷控制策略参数，控制管理用户的负荷可精确到分钟级。

3. 多路负荷实时计算

可实现逐点计算的数据主要有电压电流频率,可实现 ms 级的电网紧急控制出口,实现 10 ms 周期级的功率控制,100 ms 周期支路功率(有功功率、无功功率)和总加功率运算。

4. 快速上传容量更大

12 条负荷支路的电压电流有功无功功率数据变化可实现秒级上传,终端可上传遥测点超过 128 个,遥信点超过 512 个,接收遥控点达 64 个,采集上传数据量最大可达 5 Mb,可实现遥信变位 10 ms 内上传,全遥测数据 200 ms 内上传。

5. 历史数据储存更多

可存储记录的负荷曲线不少于 1 个月,多达 256 条功控记录、256 条告警记录、256 条 SOE 变位记录,256 条装置异常记录。

6. 全方位分析监控功能

支持内部状态监视,板件监视,通道监视,输出状态监视。

智能网荷互动终端实物,见图 5.5 所示。

图 5.5(a)　智能网荷互动终端实物

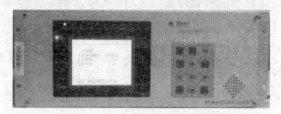

图 5.5(b)　智能网荷互动终端实物

图 5.5(c)　智能网荷互动终端实物

第三节　电网企业和用户之间合约要点

为保障大电网安全稳定运行,大规模源网荷友好互动系统在电网紧急情况下,通过对客户负荷的远程自动切除,实现负荷侧与电源、电网有效联动,共同保障电力有序供应和社会稳定。为确保大规模源网荷友好互动系统安全可靠运行,用户在充分认识大规模源网荷友好互动系统并全面评估接入该系统后可能产生的影响的基础上,基于公益与合理收益,与电网企业制定相应合约要点。其中,甲方为供电公司,乙方为源网荷友好互动用户侧。

一、供电公司(甲方)

(1)甲方负责源网荷系统终端的安装调试和运行维护。源网荷系统终端资产属于甲方。

(2)甲方因电网应急处置需要启动源网荷系统,采取不提前通知的方式,通过源网荷系统远程毫秒级自动跳开乙方在协议中确定的分路开关并短时中断该分路开关下所有负荷的供电,每次中断持续时间不超过 1 h。

(3)甲方因电网应急处置需要,通过源网荷系统跳开乙方的分路开关后,根据源网荷系统终端监测和记录的中断负荷量及中断持续时间,按照标准向乙方支付费用。

(4)若乙方需要,甲方可为乙方提供负荷分类分析服务,提出相关建议。

二、源网荷友好互动用户侧(乙方)

(1)乙方根据自身生产工艺和设备的实际情况自愿参与,自主选择和确定适合接入源网荷系统的分路开关并制定相应的内部应急预案。

（2）乙方如需调整协议中源网荷系统所接的分路开关时应提前通知甲方,并与甲方协商一致后变更源网荷友好互动合作协议。

（3）乙方不得随意操作源网荷系统终端设备。

（4）乙方负责保持源网荷系统所接的分路开关功能完好,并至少在每年迎峰度夏（6月1日）前进行一次开关检查,确保其随时具备远程开断（合闸）能力。

（5）甲方因电网应急处置需要,通过源网荷系统跳开乙方的分路开关后,乙方根据源网荷系统终端监测和记录的中断负荷量及中断持续时间,按照标准获得甲方支付的费用。

（6）乙方应对分路开关下的负荷进行认真分析,审慎选择和确定适合接入源网荷系统的分路开关。接入源网荷系统的分路开关下不得包含可能危及人身、设备安全,造成重大经济损失或影响主要生产的负荷,不得选择保安电源开关。接入源网荷系统的分路开关确定后,因源网荷系统动作对乙方造成的人身、设备安全损害、经济损失及生产经营影响等由乙方承担。

（7）在甲方因电网应急处置需要,通过源网荷系统跳开乙方分路开关后,乙方应在收到源网荷系统发出的合闸提醒信号后再进行合闸操作。乙方未收到合闸提醒信号擅自合闸对乙方造成的人身、设备安全损害、经济损失及生产经营影响等由乙方承担。

第四节　网荷互动的市场机制

一、市场主体

市场主体,即市场主要参与者,包括大工业、非工空调、居民智能家居、分布式光伏、电动汽车充电桩、储能设备等,见图5.6。

二、补偿机制

在电网应急处置需要启动源网荷系统,采取不提前通知的方式,通过源网荷系统远程毫秒级自动跳开乙方在本协议中确定的分路开关,并短时中断该分路开关下所有负荷的供电,每次中断持续时间不超过一小时。通过源网荷系统跳

图 5.6 网荷互动市场主体

开用户的分路开关后,根据源网荷系统终端监测和记录的中断负荷量及中断持续时间,按照一定的标准,在协议到期后两个月内供电公司向用户支付一定的费用作为补偿。其中费用标准表见表5.1。

表 5.1 费用标准

中断持续时间	标准(元/kW)
0~10 min(包括 10 min)	20
10~30 min(包括 30 min)	50
30~60 min(包括 60 min)	100

三、惩罚机制

在源网荷友好互动系统中,当电网应急处置需要,通过源网荷系统跳开用户分路开关后,用户应在收到源网荷系统发出的合闸提醒信号后再进行合闸操作。用户未收到合闸提醒信号擅自合闸,将会造成人身、设备安全损害,经济损失及影响生产经营甚至导致人为的破坏电力平衡,对于这种现象,必须要有相应的考核或者处罚的办法,落实责任,尤其是要发挥清算机构的作用。

思考与练习

1. 网荷互动中用户筛选标准有哪些?

2. 柔性负荷的控制技术是什么? 如何实现?

3. 什么是云计算技术?

4. 通信技术有哪些?

5. 什么是网荷互动终端技术?

6. 市场主体有哪些? 补偿机制有哪些?

第六章　网荷互动用户需求

电力是国民经济生产发展建设、人民群众安居乐业稳定生活的必要保障。宏观经济运行依靠电力的指针作为衡量参考标准。居民、商业、工矿企业等耗用电能是我国经济的发展状况与趋势的直接客观反映。突出以电力用户需求为导向，把用户作为营销中心，通过供用关系使电力用户能够使用安全、可靠、合格、经济的电力商品，并得到周到、满意的服务，提高供电企业市场形象及终端能源市场占有率。

在源网荷友好互动系统中，紧急切负荷系统是针对特高压电网故障时受端电网频率稳定出现异常的一个负荷快速控制、保证系统频率稳定的手段，在系统频率降低时，要求数百毫秒内完成负荷的快速切除，亦称毫秒级切负荷。因此，在网荷互动系统中用户的需求从四个方面展开介绍。

第一节　用户对网荷互动的服务需求

一、供电服务的概念

供电服务是电力经营机制中的一个重要环节，是电力安全的保证，是电力生产部门与用户之间的特殊纽带。其定义为：以电能商品为载体，用于交易和满足用户需要的、本身无形和不发生实物所有权转移的活动。供电服务从产品属性上属于为电能产品拓展价值的附加服务，供电服务的目的是促进电能交易和满足电力用户的需要，供电服务是无形和不发生实物所有权转移的。

供电服务有以下几个特征：

（1）无形性。无形性是服务所具有的显著特点。服务不同于产品具有实际形状大小、质量，它不是实物而是无形的，用户购买服务前是看不见也摸不着的。

（2）不可分性。有形的实物产品在从生产、流通到最终消费，期间有一段时间间隔，即生产与消费是可以分割的，生产在服务之前。然而供电服务具有不可分割性，它的生产与消费过程是同时产生的，提供服务给用户时也正是用户消费时。

（3）不可存储。服务是不可存储的，一旦错过这个瞬间，服务也就马上消失了。因此，用户对不满意的服务是无法退货的，也无法要求服务企业退款。

（4）差异性。差异性是根据不同的行业、水平标准，很难统一进行界定。由于每个用户个性也存在差异，对服务的感知也会不同。而不同的服务人员由于其素质、态度、能力不同，也很难提供统一的服务。

二、用户服务需求内容及评估指标

对利益相关者需求的满足程度，是源网荷友好互动系统核心价值的体现之一。电力用户是电力能源和电力服务的使用者，按照电能的具体用途，可以分为工业用户、商业用户和居民用户等。传统的电力用户是能量流和信息流的终端，但随着分布式发电和微电网的发展，未来的电力用户在特定时刻将扮演电能提供者的角色，实现能量流和信息流的双向流动。因此电力用户是智能电网的重要参与者和利益相关者，其希望在得到可靠、优质电能供应的同时能够尽量降低用电成本，同时获得优质的电力服务。从电力用户自身出发，其需求可以分为三个方面。

（一）安全性需求

当某一需求不被满足时，会给或者可能会给该利益相关者带来灾难性的后果，则这一需求属于安全性需求。对于电力用户而言，安全性需求不能被满足所带来的"灾难性"后果主要指发生"用户安全事故"，造成人身危害和巨大财产损失，比如短路故障引发的人员伤亡、大停电事故导致生产中断所带来的直接或间接的巨额经济损失等。对电力用户安全性需求进行评估时，可参考表6.1的评估指标。

表 6.1　　　　　　　　　　电力用户安全性需求指标集

指 标 名	指 标 作 用	指标计算方法
用户安全事故次数	衡量用户安全事故发生的频度	在给定周期时间内,用户安全事故发生的次数
用户安全事故总伤亡人数	衡量电力事故对于用户人身安全侵害的严重程度	在给定周期时间内,历次用户安全事故中遭受人身伤害的人数总加
用户安全事故总财产损失	衡量电力事故对于用户财产安全侵害的严重程度	在给定周期时间内,历次用户安全事故中用户遭受的财产损失总加

(二) 优质性需求

当某一需求不被满足时,虽不会给该利益相关者带来灾难性的后果,但会给其正常运作带来不利的影响,则这一需求属于优质性需求。优质性需求不能被满足给电力用户正常运作带来的后果,按照严重程度可以划分为三类:一是电力中断导致用户无电可用。非预期的电力中断将导致工业生产停滞、商业活动紊乱、居民生活不便,造成经济效益和社会效益的损失。二是在电力正常供应的情况下电能质量不合格。不合格的供电电压和供电频率使得用电设备工作在极端工况下,从而降低了用电设备工作效率,减少了用电设备使用寿命,在恶劣情况下可能直接导致用电设备损毁。芯片生产等高新技术产业,尤其对供电质量有很高的敏感程度,电能质量不合格可能会造成巨大的商业损失。三是在电能质量合格的情况下,相关配套服务的用户体验度不高。低劣的配套服务大大降低了用户的用电效率,增加了用户投入的时间成本和经济成本,甚至会促使用户转向使用其他形式的能源。

因此,可把优质性需求细化为供电可靠性需求、电能质量性需求、优质服务性需求三层需求结构,如图 6.1 所示。

1. 供电可靠性需求

供电可靠性是指电网向用户提供连续、可用、充足电力的能力,衡量供电可靠性的三个要素分别是停电频率、停电持续时间和停电影响程度。从这三个方面出发,对供电可靠性需求被满足程度进行评估,选取需求指标时可参考表6.2。其中,系统平均停电频率和系统平均停电持续时间与用户类型、负荷规模无关,而系统平均负荷消减量则与负荷规模挂钩,赋予了大负荷停电更高的权重。降低停电频率需要采用良好的检测和维护手段来降低电力设备的停运率;

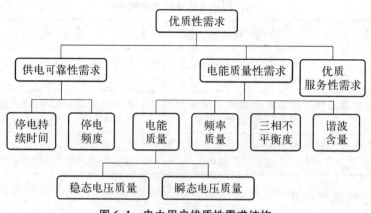

图 6.1　电力用户优质性需求结构

缩短停电持续时间需要规划互为备用的线路以及采取快速供电恢复措施,比如自动化开关操作等;减少停电影响程度则需要优化电源结构、合理规划网架以及全网统一科学调度。

表 6.2　　　　　　　　　　　电力用户供电可靠性需求指标集

指　标　名	指　标　作　用	指　标　计　算　方　法
系统平均停电频率	衡量用户停电的频度	在给定周期内,用户停电次数与系统内用户总数的比值
系统平均停电持续时间	衡量用户停电的持续时间	在给定周期内,全部用户停电时间之和与系统内用户总数的比值
系统平均负荷消减量	衡量用户停电的影响程度	在给定周期内,用户负荷消减量总和与系统内用户总数的比值,其中负荷消减量是停电持续时间和失负荷功率的乘积

2. 电能质量性需求

电能质量是指公用电网供到用户受电端的交流电能质量。衡量电能质量的主要指标有供电频率允许偏差、供电电压允许偏差、供电电压允许波动和闪变、供电三相电压允许不平衡度、电网谐波允许指标。按照国家电能质量标准和电网电能质量技术监督管理规定,各项电能质量指标运行合格率如表 6.3 所示。

表 6.3　　　　　　　　　　　　电能质量衡量标准

电　能　质　量	允　许　限　值				最低运行合格率
供电电压允许偏差	35 kV 及以上：正负偏差的绝对值之和不超过 10%				专线和 10 kV 以上的用户：98%；380 V(220 V)用户：95%
	10 kV 及以下三相供电：+7%				
	220 kV 单相供电：±7%～10%				
电压允许波动	10 kV 及以下：2.5%				99%
	35 kV～110 kV：2%				
	220 kV 及以上：1.6%				
电压闪变	一般照明负荷：0.4%				
	要求较高照明负荷：0.6%				
电网谐波	电压/kV	0,38	6,10	35,66	110,220	98%
	电压总谐波畸变/%	5	4	3	2	
	奇次谐波电压含有率	4.0	3.2	2.4	1.6	
	偶次谐波电压含有率	2.0	1.6	1.2	0.8	
三相电压允许不平衡度	正常允许 2%，短时不超过 4%				98%
电力系统频率允许偏差	正常允许 ±0.2 Hz，根据系统容量可放宽到 ±0.5 Hz				99.5%
	用户冲击引起的频率变动不超过 ±0.2 Hz				

基于以上所述电能质量衡量指标，在评估电力用户对电能质量性需求的满足程度时，可以参考表 6.4。

表 6.4　　　　　　　　　　电力用户电能质量性需求指标集

电能质量	指　标　名	指　标　作　用	指标计算方法
电压质量	用户电压合格率	衡量供电电压在合格范围的时间百分比	在给定周期内，用户侧供电电压合格时间与统计时间的比值
	平均瞬态过电压次数	衡量瞬态过电压出现的频度	在给定周期内，用户侧供电电压出现瞬态过电压的次数

电能质量	指　标　名	指　标　作　用	指标计算方法
频率质量	用户频率合格率	衡量用户频率在合格范围的时间百分比	在给定周期内,用户侧供电频率合格时间与统计时间的比值
公共网络谐波含量	平均电压总谐波畸变率	衡量公用连接点谐波的相对含量	在给定周期内,电压总谐波畸变率的平均值
三相电压不平衡度	平均三相电压不平衡度	衡量三相电力系统中三相不平衡的度	在给定周期内,三相电压不平衡度的平均值

3. 优质服务性需求

满足用户的优质服务性需求是指电网公司作为服务性企业,在满足电力用户"用上电、用好电"的基础上,还需要转变服务理念,提高服务水平,让用户切实感受到"好用电、电好用"。电力配套服务正是伴随电能出售而提供给用户的一种服务。随着电力市场的发展,其涵盖内容日益广泛。根据不同的标准对供电服务内容有以下分类方式。

(1) 按照供电服务业务流程划分,供电服务可分为售前服务、售中服务和售后服务。

① 售前服务。售前服务是指自用户具有参与互动意向到接入系统的过程中,供电企业所提供的一系列服务。主要包括用电业务咨询、意向登记、现场勘察、确定负荷性质、终端设计施工、中间检查、装设计量装置、竣工验收、签订友好互动合作协议、恢复供电、建档立卡等工作。

② 售中服务。售中服务是指供电企业在用户用电过程中所提供的服务。主要包括咨询查询、抄表收费、用电检查、电能表轮换校验、用电变更、业务扩充、故障抢修、营销稽查、电价管理、合作协议管理等。

③ 售后服务。售后服务是指在用户参与友好互动系统后,供电企业通过开展各种跟踪服务改进电能质量、供电服务的活动。主要包括受理用户抱怨与投诉、及时跟进回访、开展用户满意度调查、征求用户意见、对用户进行安全用电教育与培训、提供各种延伸服务等。

(2) 按供电服务渠道划分,主要有以下内容:

① 营业厅。供电营业厅是供电企业最主要的营业渠道,也是供电企业优质服务的窗口。供电营业厅受理包括电费缴纳、业扩报装、用电变更、故障保修、咨询查询等在内的各种业务。对供电营业厅的考核包括卫生情况、格局规划情况、设施是否人性化、整体环境舒适度、服务人员外在形象、文明用语、规范娴熟的技能、态度真诚。总之,供电营业厅能够展现供电企业整体风貌和形象,是企业外在的重要体现。

② 95598。95598是专门的远端电力用户服务渠道。电力用户服务系统包括语音系统、人工系统和网站服务。语音系统的考核点主要体现在语音系统是否容易接通、实用性如何、所提供的信息是否准确等。人工系统的考察点主要在于话务员的语音是否清晰、语气是否亲切、态度是否良好等。网站服务的考察点主要在于网页设计是否清晰、内容是否完整、信息公布是否及时、准确、可靠,以及网上受理是否准确、实用。

③ 现场服务。现场服务主要指除通过营业厅之外,到达用户所辖区域的供电服务渠道。主要包括供电企业进行故障抢修、装表接电、业扩勘察、线路检修、营销稽查、组织用电政策宣传、现场咨询及用电常识活动、接受现场电力报装、为孤寡老人所提供的上门服务等。

④ 其他渠道。供电企业信息化应用水平越来越高,逐步建立了自动服务终端、政府热线等各种服务渠道,方便用户与供电企业的沟通与交流。

(3) 按供电服务业务划分,主要包括业扩报装及用电变更、抄表收费、故障抢修、用电检查、电能计量、投诉举报、咨询查询、业务宣传、电力需求侧管理等。

① 业扩报装及用电变更。业扩报装及用电变更是供电企业进行电力供应与销售的营销环节。主要含义是用户用电报装或变更用电业务的受理,收集用户用电需求的有关信息资料,如用户用电容量、用电性质和电网现行情况及规划要求,深入用户用电现场了解用户现场情况,制订切实可行的合作方案。根据合作方案组织终端工程的设计、施工,对终端工程进行中间检查、进行工程的竣工验收,最后与用户签订互动合作协议,直至装表、接电的全过程。

② 用电检查。用电检查是指对用户的电力使用情况进行检查,贯穿于用户开始参与互动到用户终止互动的全过程。用电检查的主要范围是用户侧终端装

置,其目的在于一方面保证电网的运行安全和用电用户用电安全,另一方面是维护供电企业和用户的合法权利。

③ 电能计量。电能计量是指通过电能计量装置来确定电能量值的一系列活动。电能计量业务主要包括电能计量装置的安装、维护和检定,电能计量故障、差错的调查、处理,以及违章、窃电案件的调查、验证和处理。

④ 故障抢修。故障抢修是指用户发生电力故障或停电时,供电企业向用户提供的紧急抢修服务。这项服务对用电用户来说非常重要,快速、有效的抢修恢复供电,能对用户的服务评价产生直接、重要的影响。在故障抢修过程中,具体的影响因素有故障抢修速度、抢修结果、抢修服务人员的服务态度、服务形象、业务水平、服务效率等。

⑤ 电费抄核收。电费抄核收是对用户享受供电服务的费用索取环节,包括抄表、核算、收费。这个过程直接关系到用户的经济利益以及供电企业的经济收入,是服务过程中重要的一环,因此要求准确无误。

⑥ 投诉举报。投诉举报是供电企业接受用户对供电服务质量的监督和管理,当供电服务未达到承诺的服务标准时,就可能引起用户投诉,供电企业应该对服务进行及时补救,减少、消除用户的不良情绪。投诉举报服务是否良好的影响因素主要有服务人员的服务态度、对投诉内容的解答是否合理、投诉举报的方便程度、处理速度以及处理结果是否满意等。

⑦ 咨询查询。咨询查询是指业务咨询和信息查询,咨询查询能够为用户提供简单、方便、快捷及准确的供电信息咨询和多种查询,帮助用户更加全面、准确、深入了解供电服务及用电知识。用户在进行咨询查询过程中,主要关心服务人员的态度、服务业务熟练程度、咨询查询的结果及方便程度等。

⑧ 业务宣传。业务宣传主要指供电企业通过各种媒介电视、报纸、户外广告、公益活动等对供电服务的主要业务进行宣传,帮助用户更加清楚地了解供电服务业务的主要内容及流程。供电业务宣传业务的优良程度主要体现在宣传方式多样性、宣传效果显著性、宣传内容是否真实等方面。

⑨ 停送电服务。停送电服务是指供电企业根据计划停电、临时停电、限电等的要求,实施停电计划,并在检修完毕后及时恢复供电的过程。停送电通知下达的及时性和有效性,以及恢复供电的及时性在很大程度上影响用户对企业的满意度评价。

⑩ 电力需求侧管理。电力需求侧管理是指通过提高终端用电效率和优化用电方式,在完成同样用电功能的同时减少电量消耗和电力需求,达到节约能源和保护环境,实现低成本电力服务所进行的用电管理活动,是供电企业引导用户用电的重要手段之一,尤其对工业用户的生产经营影响较大。开展电力需求侧管理的主要内容包括峰谷电价的执行、可中断负荷电价的执行、提供节能降耗咨询服务、提供合理用电咨询及建议等。

对用户的服务性需求满意度进行评估时,可参考表 6.5 所示的指标选取方法。

表 6.5 电力用户优质服务性需求指标

指 标 名	指 标 作 用	指标计算方法
配套服务用户投诉率	衡量用户对于电力配套服务的满意度	在给定周期内,用户对于电力配套服务不满意的投诉次数

(三) 高效性需求

在未来电网中,一方面电力用户作为电能的购买者,需要付出经济代价来获取电能和服务;另一方面电力用户通过参与需求侧管理,可以获取额外的经济效益,比如通过安装分布式发电系统,电力用户可以成为潜在的电能供应者,从而出售电能来获取经济效益。据此,电力用户的高效性需求包含两个层面,即成本性需求和收益性需求。

1. 成本性需求

成本性需求即尽可能降低用电成本,防止用电成本过大将迫使用户转向其他形式的能源,不利于电网的可持续发展。

2. 收益性需求

收益性需求即尽可能增加收益。需求侧管理的理念在于将需求方通过科学合理使用电能而节约的能源,作为供应方的一种可替代资源。用户在参与需求侧管理过程中,往往需要付出一定代价,比如购买节能设备、安装分布式发电系统、改变用电习惯等;同时也会通过相应的激励机制来取得收益,比如分时电价、电费减免、购买补贴、售电利润等。

对用电成本和收益的评估指标可以参考表 6.6。

表 6.6 电力用户成本性及收益性需求指标

指标名	指标作用	指标计算方法
月/年平均电价	衡量一段时期内电价的合理性	1月/1年电价的平均值
用户投资回报比	反映用户参与需求侧管理的收益率	用户在参与需求侧管理过程中投入的成本总和与直接获得或由此节约的效益总和的比值

汇总以上内容,即得到电力用户需求的评估指标集,如图 6.2。

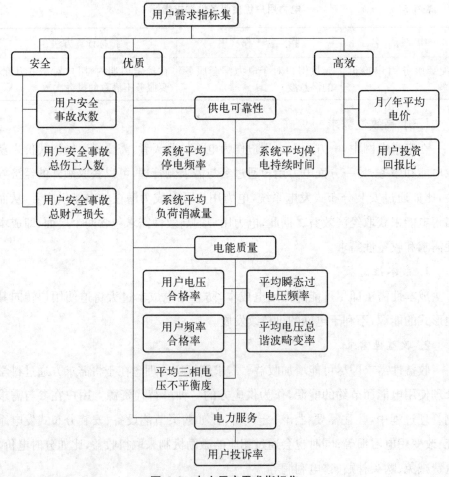

图 6.2 电力用户需求指标集

三、用户服务需求满足度提升策略

（一）建立完善的网荷互动管理体系

（1）树立系统管理观念，加强企业服务文化建设。供电企业必须只有通过树立系统管理理念，使从基层到管理层的每一个员工观念发生变化，领会贯彻企业的服务理念，积极主动地为用户提供优质服务。与此同时，还必须加强服务文化建设，使企业内部能形成服务文化氛围，形成内部各级机构部门的良好沟通、团结合作，促进并巩固企业员工营销服务意识。

（2）建立标准的业务规范和标准工作流程。通过利用营销系统功能，记录并监督各个岗位和环节工作情况，形成系统的信息反馈模式，并通过对员工各工作环节服务情况进行分析，严格要求不符合标准的员工做出改进，并制订出有针对性的改进方案加以落实。

（3）建立网荷互动管理组织机构。从地市公司层面建立网荷互动管理领导小组和工作小组，为网荷互动管理工作系统化提供组织保证。由于网荷互动的服务质量工作必然会涉及多个部门，为避免各部门发生工作相互推诿、不配合或不及时沟通导致管理效率低下的情况，领导小组成员应由局领导和各相关部门负责人组成，并负责指导监督网荷互动管理工作的开展。工作小组成员由各相关部门负责人及具体的工作人员组成，由市场营销部牵头协调网荷互动服务质量管理工作。市场营销部可设立专门的联络员跟踪工作开展落实情况。

（二）建立高效的网荷互动机制

只有通过建立良好的电网和用户沟通机制，才能使存在的问题得到及时解决。依靠广泛使用的营销系统作为信息流通、信息反馈渠道，不仅可以降低信息沟通成本，也使工作人员相互沟通更加及时高效，使信息沟通规范化、集约化。针对用户沟通机制，要完善用户服务中心的功能、加大与用户的宣传沟通力度、优化沟通信息。针对电网内部沟通机制，要建立内部沟通机制、完善内部沟通渠道、构建合理的内部信息沟通模式。

（三）加强企业内部人员管理

供电企业内部工作人员的业务能力和服务态度极大地影响了用户对供电企业服务的感知，提供优质服务必须加强企业内部人员管理，提高员工综合素质，从而提高服务的质量。

（1）加强相关服务人员业务培训；

（2）将业绩与绩效考核挂钩，提升员工工作积极性；

（3）选拔培养优秀的青年员工。

第二节　用户对网荷互动的技术需求

用户侧对网荷互动的技术需求指的是从用户侧出发，源网荷系统中能够满足用户用电需求的技术。用电需求方面包括对供电可靠性的需求，对电能质量的需求，对用电的经济性与高效性的需求等。

一、满足高效用电需求的智能量测技术 AMI

高级计量体系 AMI(Advanced Metering Infrastructure)是基于开放式双向通信平台，结合用电计量技术，以一定的方式采集并管理电网数据，最终达到智能用电的目标。AMI 的显著特点是：能为用户提供分时段或即时的计量值，如用电量、电压、电流、电价等信息，便于用户高效用电，提高设备使用效率，并支持电网协调运行。伴随有线通信和无线互联技术的不断发展，AMI 体系的含义与领域也得到了延伸。智能量测体系主要由智能电表、量测数据管理系统（MDMS、通信网络和用户户内网络（HAN）组成。

在 ADS 中，AMI 是信息采集与管理的基础，其应用模型如图 6.3 所示。通过位于设备附近的智能电表采集实时运行数据，经过必要的信息处理发送至量测数据管理系统，此时 MDMS 是一个数据处理与储存的中枢，发电及用电端的信息集中后成为全局运行信息的组成部分；随后，信息继续通过网络上传，在经过基于价格的市场交易决策后，将决策结果下达至各智能电表，电表通过户内 HAN 将命令直接发送给设备进行相应操作，或告知用户，让用户决定是否响应该决策。

随着加强智能电网的研究与建设，AMI 技术的运用将有力地提高人民生活质量并促进社会生产。智能电表的 MCU 带有开放的 I/O 接口，能够顺利与多种外部设备直接对接，通过计算机网络、移动通信设备实现远端操控所接设备，优化住宅智能控制功能；对实时性要求低、容量大的电网友好设备，如热水器、烘干机等，AMI 技术将为用户参与错峰用电提供支持；目前充电式电动公交车在

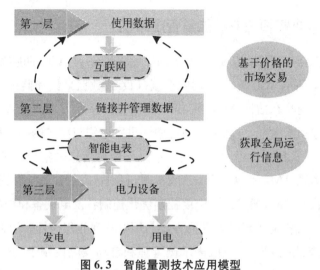

图 6.3　智能量测技术应用模型

部分城市已成功投入使用,通过 AMI 技术将为用户实现智能选择合适时段进行充放电,可降低充电成本,并协助构建分布协调的调度系统、控制系统和管理系统。

二、用户互动平台

主动配电系统的内涵之一是"灵活互动"。目前,国内各省电力公司都单独划分出客服中心,初步实现电力营销标准化的作业流程,可以实时查询负荷情况,有效地实现可中断负荷的控制和有序用电等需求侧管理的基本功能,但是在用户主动参与、主动响应和用户满意度等方面存在着较大的不足,尤其在优化用户用电以及提升负荷终端的能源利用率上还有一定提升空间。

为了实现电网友好的内涵,需研发一种用户用电互动平台,该平台以提升用电设备的电能利用率,满足电力用户的个性化、差异化服务需求为蓝本,可以正确引导用户灵活选择其用电方式,鼓励用户主动参与供需平衡,实现供求双方电能量交互;拥有响应激励措施、智能配电方式选择、远程缴费管理等各种互动服务功能的可选择性模块;其不仅体现了智能型平台的用电互动性,作为用电技术中的一项重要支撑技术,它还为调度系统打下了更加准确、实时、精细坚实的基础。在互动平台的支持下,电网友好用电技术能有效优化用户的用电行为、加强负荷端的能效管理,创造供电、用户和发电方三赢的局面。

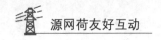

三、与需求侧相适应的能量管理系统

能量管理系统(EMS, Energy Management System)是 ADS 的能耗控制大脑,其包括自动发电控制(AGC)和经济调度控制(EDC)、数据采集和监控系统(SCADA系统)、电力系统状态估计(State Estimator)、安全分析(Security Analysis)等。

不同于被动配电网,主动配电系统中注重发电侧与需求侧的能量协调,因此需要在 EMS 中采集并管理用户的用电信息。用户信息采集与管理功能主要通过高级计量体系 AMI 和 SCADA 系统实现,利用状态估计系统和安全分析工具对电网运行状态预测,通过经济调度控制优化控制各发电设备和用户用电设备,并通过实施需求响应(DSM)调动需方参与用电管理的积极性。因此,ADS 中的"能量管理系统"是集配电管理、需求侧管理和自动发电控制于一体的综合管理系统。实现智能化能量管理的 ADS 能够充分利用自身特色推动配网主动管理与控制目标的实现。

四、实现快速响应的负荷控制技术

(一)基于负荷控制技术的源网荷系统的应用说明

当前,负荷电力控制技术在源网荷系统中的应用主要体现在采用负荷控制技术建立的源网荷系统,包含如下几点:一是数据的采集和共享。系统可以实现电能双向计量,还可以自动采集客户电能量数据、电能质量数据、各种电气和状态数据,对数据进行合理性检查、分析和存储管理。而且所有数据可以通过统一的平台进行管理和发布,实现信息共享。二是负荷记录。系统的负荷记录功能提供了客户可以定制的数据存储机制,同时支持灵活的查询方式、大容量的数据存储。负荷记录包括好几类曲线,每类曲线包含若干数据,这些数据基本涵盖了电力计量中的关键数据。三是远程控制。系统支持从主站以密文方式下发命令,执行跳闸、允许合闸、报警、报警解除、保电、保电解除等操作,确保源网荷系统中相关负荷控制的有效执行。

(二)负荷控制系统实际应用的注意事项

为了更好地发挥负荷控制系统在源网荷系统中的优势,要求在将负荷控制系统投入实际使用时应注意如下几点:一是专用变压器供电的电力用户均应安装电力负荷控制终端装置,这是使用负荷控制系统有效开展电力计量工作的重要前提。其中新增用户,应同步安装电力负荷控制终端装置,已经供电的用户,应按照相关要求分期分批进行安装、调试和投运电力负荷控制终端。二是相关电力企业管理部门应组织制定电力负荷控制系统装置的施工管理制度和工艺标准,保证系统装置的安装调试质量,同时加强对所辖各地区电力负荷控制系统的实用化评价,不断完善和提高系统运行水平,更好地服务源网荷系统。三是接入电力负荷控制系统的用户端开关,应由供电企业和电力用户共同选定,并在工程设计图上标明接线位置,然后根据用电负荷的重要程度分轮次接入相应开关。四是注意电力负荷控制终端装置不得以任何方式接入贸易结算用计量点的电能计量二次回路,确保电力计量数据采集的精确性。

(三)负荷控制系统应用于源网荷系统的优势

目前我国采用电力负荷控制技术建立的负荷控制系统大多具有当地闭环控制、远程遥控控制、中继站控制、系统参数设置、系统操作以及用电管理等功能,这些功能在源网荷系统中的应用具有如下几个方面的优势:一是通过负荷控制系统可以对电力负荷以及客户的用电状况进行实时监测,通过了解负荷特性,有助于在用电高峰时段实行削峰填谷,使日负荷曲线变得比较平坦,就能够使现有电力设备得到充分利用,通过优化电网运行方式,以及平衡电力资源来确保电力供应,从而推迟扩建资金的投入。二是可以稳定电网的运行方式,提高供电的可靠性,负荷控制系统的相关功能模块能够对一些故障迅速做出反应,从而确保电网安全稳定。同时还可以通过电力负荷控制系统来有效提高对用户监视的准确率和控制的正确率,控制线路拉闸情况,提高电网的用电负荷率,确保电网的安全稳定运行。三是负荷控制系统可以对客户、电量、电价、电费等营销和服务的关键指标和环节实行集约化、精细化管理,另外,控制中心通过电力负荷控制反馈的数据情况可以搞清各用电企业的用电特性,并据此制定可主动避峰、可安排轮休的工业用电负荷管理目标,实现电力运行方式的优化。同时,根据相关数据的统计结果可以对当前电力市场运营情况、营销能力、市场发展趋势及服务客户的能力等进行综合分析和深度挖掘,开展市场前景预测,为电力部门制订营销管理目标及营销决策提供科学的依据。

五、满足用户电能质量的定制电力技术

定制电力技术是为了提高电能质量和供电可靠性,应用现代电力电子技术

和控制技术,为用户提供特定电能质量要求的电力供应技术。其通常采用如下几种实现方式:串联调压、并联补偿、串并联混合应用、不间断电源(UPS)、高速电源切换、快速故障切除、储能系统等。

定制电力概念于 1988 年由美国电科院的 Palo Alto 先生提出,并在全世界得到了迅速的发展,它主要针对配电网的供电可靠性和供电质量两个方面,即将静态控制器用于配电系统(1~35 kV),提供用户所需可靠性水平和电能质量水平的电力。定制电力技术一经提出很快得到全世界同行的认可和接受,相关技术研究和设备研制迅速发展。

目前定制电力技术主要分为以下几类:

(1) 基于能量储存的定制电力技术;

(2) 基于变压器的定制电力技术;

(3) 基于逆变器的定制电力技术;

(4) 基于固态开关的定制电力技术。

(一) 基于能量储存的定制电力技术

主要包括电池后备系统、超级储能电容器、电动机—发电机组、飞轮储能系统、超导磁能贮存系统和燃料电池。

1. 电池后备系统

电池后备系统的操作运行与电容器储能类似,但是它的能量密度比标准电容器高。

优点:切换几乎是瞬时完成,可以应对电压深度暂降和停电,比较容易获取电池。

缺点:需要额外的硬件和空间,电池寿命相对较短,需要更多的维护,废弃电池处理不当会造成环境污染等。

2. 超级储能电容器

优点:可以应对电压深度暂降和停电,寿命长,充电速度快,容易监视充电状态,维护工作量小。

缺点:需要额外的硬件和空间,是新兴技术,还需进一步研究。

3. 电动机—发电机组

优点:可以应付电压深度暂降和停电,比较可靠,约可提供 15 s 的电力。

缺点:需要额外的硬件和空间,转动部分需要维护等。

4. 飞轮储能系统

优点：可以应对深度电压暂降和停电，减小了 M‐G 组的体积和重量。

缺点：需要额外的硬件和空间，转动部分需要维护等。

5. 超导磁能贮存系统

优点：可靠性高，几乎不需要维护，可进行快速的重复充放电而不影响其性能和寿命。

缺点：需要额外的硬件和空间，为了减少损耗需要复杂的冷却系统维持低温，造价高，安全性要求高。

6. 燃料电池

优点：可靠、效率高、维护工作量小。

缺点：不能快速响应负载变化，硬件投资费用高等。

（二）基于变压器的定制电力技术

它主要包括恒压变压器、静态电压调整器（也称静态电子分接开关）。

1. 恒压变压器（CTV）

CTV 如同一个 1∶1 的变压器，它工作在 B‐H 曲线的饱和部分，从而提供一个不受输入波动影响的输出电压。在实际应用中，副边通常连接电容器，作用是确保变压器工作在饱和转折点的右上方。

缺点：负荷额定功率较大时，该变压器体积非常庞大。

2. 静态电压调整器（SVR）

SVR 主要由升压器、调压器、断路开关、隔离开关等组成。近年来，SVR 作为一项新兴技术用于对电压水平要求比较高的负荷。

优点：由于 SVR 使用了静态的半导体开关，调压速度比机械式分接开关有很大的提高，其响应几乎是瞬时的。

（三）基于逆变器的定制电力技术

它主要包括不间断电源、动态电压恢复器、配电静态同步补偿器、统一电能质量调节器等。

1. 不间断电源（UPS）

UPS 通常由二极管整流器、逆变器及能量贮存（电池）系统组成。在电压暂降或短时断电情况下，电池放电维持逆变器的直流侧电压。根据电池容量的不同，UPS 可维持对负载供电几十分钟甚至数小时。

优点：造价低、运行和控制简单。

缺点：仅适用计算机类负荷。对于高压负荷，因变流装置损耗及电池维护量较大等原因，经济性较差。

2. 动态电压恢复器(DVR)

DVR串联在系统与敏感负荷之间，当电压跌落或突升时，DVR迅速输出补偿电压，不仅可以补偿动态电压的波动，而且对稳态过电压、欠电压、电压谐波、电压闪变等具有明显的补偿作用。典型应用：如航空部门、金融数据中心、芯片生产等。

优点：容量大(30 MVA)，可在35 kV以下各级电压应用，投资及维护成本低，占地少(是UPS的1/3)。

3. 配电静止同步补偿器(DSTATCOM)

DSTATCOM是柔性交流输电技术在配电网中应用的主要装置之一。它代表着现阶段电力系统无功补偿技术的发展方向。

该装置能够快速、连续地提供容性和感性无功功率，实现电压和无功功率控制，具有提高功率因数、克服三相不平衡、消除电压闪变及波动、抑制谐波污染等功能。常用于电弧炉等非线负荷的补偿。

4. 统一电能质量调节器(UPQC)

UPQC是由动态电压恢复器、静止同步补偿器、有源滤波、储能部件等补偿装置结合于一体的多重功能调节器。其并联单元具有静止同步补偿器、有源滤波等功能，其串联单元具有动态电压恢复器、不间断电源等功能，其直流储能单元具有蓄电池能量存储系统等功能。

该装置通过多目标协调控制，实现电压调节、有功、无功动态调节、有源滤波、平衡化补偿、动态不间断电源、储能、直流电源等综合功能。

5. 有源电力滤波器(Active Power Filter, APF)

APF可以有效地起到补偿或隔离谐波的作用，并联型APF还可以进行无功功率补偿。与PPF相比，APF具有以下一些优点：滤波性能不受系统阻抗的影响；不会与系统阻抗发生串联或并联谐振，系统结构的变化不会影响治理效果；原理上更优越，用一台装置就能完成各次谐波的治理；实现了动态治理，能够迅速响应谐波的频率和大小发生的变化；具备多种补偿功能，可以对无功功率和负序进行补偿。

6. 混合型有源电力滤波器(Hybrid Active Power Filter，HAPF)

HAPF 兼具 PPF 成本低廉和 APF 性能优越的优点，很适合工程应用。注入式由于注入支路的存在大大降低了有源部分的容量，使其能适用于高压配电网，同时实现无功补偿和谐波治理。

(四) 基于固态开关的定制电力技术

其主要包括固态断路器、固态切换开关、故障电流限制器等。

1. 固态断路器(SSB)

SSB 一般由可关断晶闸管(GTO)或晶闸管与 GTO 并联组成，实现电源之间的快速的、无暂态的切换。

正常运行时，负荷电流从 GTO 中通过，一旦电流超过限值，控制系统向 GTO 门极发出关断脉冲，SSB 可在几百微秒内，在故障电流未上升到较大幅值前予以切除。SSB 可用于负载或故障电流阻断、故障电流限制、联络断路器及固态切换开关。

2. 固态切换开关(SSTS)

在两个不同的电源线之间快速切换，一台 SSTS 的典型切换时间为半个周波左右。

3. 故障电流限制器(FCL)

FCL 利用固态断路器的特性，可在约一个工频周期内快速将电流从一条支路(由 GTO 阀组成)转移到含有串联限流电抗器的另一条支路(由晶闸管阀组成)，以限制馈线电流，同时为保护设备切除故障创造有利条件。

各类定制电力技术装置的基本功能，见表 6.7。

表 6.7　　　　　　　各类定制电力技术装置的基本功能

	电压暂降和暂升	瞬时中断	电压调整	电压闪变	谐波	无功补偿
基于储能类设备	√	√				
基于变压器类设备	√	√	√			
DSTATCOM	√	√		√	√	√
SSB	√	√				
SSTS	√	√				
DVR	√	√		√	√	√

第三节　用户对网荷互动的信息需求

网荷友好互动终端装置可用于实现用户负荷实时监测、负荷控制管理,同时可支持实现电网负荷应急响应控制要求的专用负荷管理终端装置。该装置不仅具有用户线路负荷实时采集、就地功率控制、远程预购电功能等常规负控终端的功能,还具备快速响应大电网事故下的快速负荷切除、事故告警音响及 VOIP 电话对讲广播等功能。用户可以通过该装置了解相应的反馈信息,满足用户的信息需求,为用户提供方便。

一、运行状态信息

用户通过网荷友好互动终端装置,了解当前负荷运行情况,如果当前电网故障或因紧急的调度指令被切断电源出现甩负荷情况时,用户可以通过源网荷友好互动终端装置及时得到告警信息,并且可以通过终端装置监视终端的功控模式、保电、剔除、通信异常等运行状况,及终端的异常断电或恢复等信息。

（1）源网荷系统终端设备具备告警提示信息以液晶菜单文字显示,及通过语音播放的方式提示,显示内部告警信号的状态,并且告警信号名称可以在逻辑组态中指定;

（2）源网荷系统终端设备可以对中断负荷量监测并记录,并且可以监测源网荷系统所接分路开关跳闸前的瞬时负荷;

（3）源网荷系统终端设备可以对源网荷系统所接分路开关跳闸时刻到源网荷系统终端发出合闸提醒信号时刻所经历的终端持续时间监控并记录;

（4）源网荷系统终端设备可以监视终端的功控模式、保电、剔除、通信异常等运行状况,及终端的异常断电或恢复等信息。

二、实时信息

用户可以通过网荷友好互动终端装置,实时对频率、电流、电压、功率、有效值、相角、序分量、谐波等多个数据实时掌握,也可以对各个总加组的总加功率、各支路线路功率、各组母线电压、各支路线路电流数据进行收集。另外,用户还可以实时监视负荷变化情况，并可以根据接收的主站下达相应符合功率控制策略配置控制参数，控制管理负荷。

（1）源网荷系统终端设备可以实时测量进出线的电压、电流、有功、无功等多个电气量数据；

（2）源网荷系统终端设备可以对用户的实时负荷变化情况进行监视；

（3）源网荷系统终端设备可以显示各个接入开关的状态和监视同等数量的进出线开关状态等信息。

三、预购电信息

用户可以通过网荷友好互动终端装置，得知用户电费余额，当账户电费余额不足时，该系统终端装置将会发出告警提示，用户及时获得预购电信息，可防止因电费余额不足而导致跳闸现象的发生。

四、事件记录信息

用户可以通过网荷友好互动系统终端装置，对终端信息进行记录。因为终端设备具有历史数据存储能力，它具有包括不低于 256 条事件顺序记录、256 条操作记录及不少于 32 条的装置异常记录等信息。通过该项终端基本功能，用户可以通过网荷友好互动系统中心，查询相关信息。

（1）功控记录，源网荷系统终端设备可以记录就地功控下的动作。其中包含四种模式的动作记录：时段控、下浮控、营业报停控、厂休控。可以通过功控记录，了解总加组××轮次××的动作时间，轮次动作前、动作后功率，当时定值，跳闸前延迟，功控模式等信息。

（2）遥控记录，源网荷系统终端设备可以显示主站遥控负荷线路的记录，显示出轮次××，动作时间，动作前、动作后功率，跳闸前延迟等信息。

（3）费控记录，源网荷系统终端设备终端可以显示主站费控负荷线路的记录。

（4）系统日志，源网荷系统终端设备可以显示主站操作记录。

（5）遥信记录，源网荷系统终端设备可以显示遥信变位记录，记录变位后的状态。

（6）告警记录，源网荷系统终端设备可以显示并记录第几条回路出现异常，

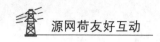
并且对每次出现告警时间进行记录。

(7) 负荷曲线,源网荷系统终端设备可以记录最近一个月的八个总加组整点的负荷曲线。

第四节　用电序列的制定

一、制定原则

有序用电,是指在电力供应不足、突发事件等情况下,通过行政措施、经济手段、技术方法,依法控制部分用电需求,维护供用电秩序平稳的管理工作。有序用电工作遵循安全稳定、有保有限、注重预防的原则。根据国家发展改革委员会颁布的《有序用电管理方法》,省级电力运行主管部门应组织指导省级电网企业等相关单位,根据年度电力供需平衡预测和国家有关政策,确定年度有序用电调控指标,并分解下达各地市电力运行主管部门。各地市电力运行主管部门应组织指导电网企业,根据调控指标编制本地区年度有序用电方案。地市级有序用电方案应定用户、定负荷、定线路。编制年度有序用电方案首先严格遵循"有多少、供多少,缺多少、限多少"的原则,做到科学合理调度,确保电网安全、稳定、可靠运行。原则上应按照先错峰、后避峰、再限电、最后拉闸的顺序安排电力电量平衡。各级电力运行主管部门不得在有序用电方案中滥用限电、拉闸措施,影响正常的社会生产生活秩序。

编制有序用电方案原则上优先保障以下用电:应急指挥和处置部门,主要党政军机关,广播、电视、电信、交通、监狱等关系国家安全和社会秩序的用户;危险化学品生产、矿井等停电将导致重大人身伤害或设备严重损坏的企业的保安负荷;重大社会活动场所、医院、金融机构、学校等关系群众生命财产安全的用户;供水、供热、供能等基础设施用户;居民生活,排灌、化肥生产等农业生产用电;国家重点工程、军工企业。

编制有序用电方案应贯彻国家产业政策和节能环保政策,原则上重点限制以下用电:违规建成或在建项目;产业结构调整目录中淘汰类、限制类企业;单位产品能耗高于国家或地方强制性能耗限额标准的企业;景观照明、亮化工程;其他高耗能、高排放企业。

二、用电序列制定

原则上按照电力或电量缺口①占当期最大用电需求比例的不同,预警信号分为四个等级。Ⅰ级:特别严重(红色、20%以上);Ⅱ级:严重(橙色、10%～20%);Ⅲ级:较重(黄色、5%～10%);Ⅳ级:一般(蓝色、5%以下)。将按照四级电力缺口可再分为 A～F 级安排错峰②、避峰③、限电④、拉闸⑤,对应蓝色、黄色、橙色、红色四级预警信号。

(一)A 级预警

当电力供应缺口在 20 万(含)kW 及以下时。出现这种情况时,非连续性生产企业按公布的线路轮休表实行错避峰方案,错避峰日为一天,期间保留 10%的保安负荷。连续性生产的化工、玻璃、造纸、化纤等生产企业(或生产工艺)实行日错避峰方案,并按照实际需求减少 5%以上的用电指标避峰让电;所有商场、超市、办公场所严格控制空调温度(建议夏季 26℃以上,冬季 18℃以下),减少照明,节约用电;所有景观灯、广告用霓虹灯减少使用。

(二)B 级预警

当电力供应缺口在 20 万～40 万(含)kW 时,公用线路上专变用户调整双休日休息时间;非连续性生产企业按公布的线路轮休表实行错避峰方案,错避峰日为两天,期间保留 10%的保安负荷;连续性生产的化工、玻璃、造纸、化纤等生产企业(或生产工艺)实行日错避峰方案,并按照实际需求减少 10%以上的用电指标避峰让电;除重点工程、地下基础施工和处于连续浇筑期的项目外,其他临时施工用电按公布的线路轮休表实行周避错方案,避错峰为两天,期间保留 10%的保安负荷;按行政区域错开大型商店、宾馆、写字楼等场所空调的启动时间。早峰、腰荷按实际需求减少 5%以上的用电负荷;网吧、歌舞厅、桑拿洗浴、夜总会、茶座、酒吧等娱乐场所调整营业时间,在有序用电期间用电高峰时段(高峰时段:11:00～13:00,17:00～21:00)停止用电;所有商场、超市、办公场所严格控

① 电力缺口,是指某一时间点,所有用户错峰、避峰、限电、拉闸负荷之和;电量缺口,是指某一时间段内,所有用户避峰、限电、拉闸影响电量之和。
② 错峰,是将高峰时段的用电负荷转移到其他时段,通常不减少电能使用。
③ 避峰,是指在高峰时段削减、中断或停止用电负荷,通常会减少电能使用。
④ 限电,是指在特定时段限制某些用户的部分或全部用电需求。
⑤ 拉闸,是指各级调度机构发布调度命令,切除部分用电负荷。

制空调温度,停用半边自动扶梯,节约用电;景观灯、广告用霓虹灯 21:00 前停止使用,夏季路灯推迟到 19:30 以后亮灯。

(三) C级预警

当电力供应缺口在 40 万~60 万(含)kW 时。专变工业用户实行"开四停三"错避峰用电;非连续性生产企业(高等耗企业除外)按公布的线路轮休表实行错避峰方案,错避峰日为两天,期间保留 10% 的保安负荷;连续性生产的化工、玻璃、造纸、化纤等生产企业(或生产工艺)实行日错避峰方案,并按照实际需求减少 15% 以上的用电指标避峰让电;除重点工程、地下基础施工和处于连续浇筑期的项目外,其他临时施工用电按公布的线路轮休表实行周避错方案,避错峰为两天,期间保留 10% 的保安负荷;按行政区域错开大型商店、宾馆、写字楼等场所空调的启动时间。早峰、腰荷按实际需求减少 10% 以上的用电负荷;高能耗的电炉炼钢、水泥、铸造、锻造、电镀、热处理加工、型(线)材加工、电解铜、铝压延加工等企业和设备按公布的线路轮休表实行周错避峰方案,错避峰日为 3 天,期间保留 10% 的保安负荷;网吧、歌舞厅、桑拿洗浴、夜总会、茶座、酒吧、电影院等娱乐场所调整营业时间,在有序用电期间用电高峰时段(11:00~13:00,17:00~21:00)停止用电;所有商场、超市、办公场所严格控制空调温度(建议夏季 26℃以上,冬季 18℃以下),停用全部扶梯,减少照明,节约用电;供电区域内所有景观灯、广告用霓虹灯停止使用,路灯减半使用。

(四) D级预警

当电力供应缺口在 60 万~80 万(含)kW 时。出现这种情况后,专线用户必须实行"开四停三""开三停四"错避峰用电,非连续性生产企业(高等耗企业除外)按公布的线路轮休表实行错避峰方案,错避峰日为 3 天,期间保留 10% 的保安负荷;连续性生产的化工、玻璃、造纸、化纤等生产企业(或生产工艺)实行日错避峰方案,并按照实际需求减少 20% 以上的用电指标避峰让电;除重点工程、地下基础施工和处于连续浇筑期的项目外,其他临时施工用电按公布的线路轮休表实行周避错方案,避错峰为 3 天,期间保留 10% 的保安负荷;按行政区域错开大型商店、宾馆、写字楼等场所空调的启动时间。早峰、腰荷按实际需求减少 15% 以上的用电负荷;高能耗的电炉炼钢、水泥、铸造、锻造、电镀、热处理加工、型(线)材加工、电解铜、铝压延加工等企业和设备按公布的线路轮休表实行周错避峰方案,错避峰日为四天,期间保留 10% 的保安负荷;景观照明一律暂停亮灯用电,所有网吧、歌舞厅、桑拿洗浴、夜总会、茶座、酒吧、电影院等娱乐场所停止用电。所有景观灯、广告用霓虹灯停止使用,路灯减半使用。

(五)E级预警

当电力供应缺口在80万～100万(含)kW时。出现这种情况后,非连续性生产企业(高等耗企业除外)按公布的线路轮休表实行错避峰方案,错避峰日为3天,期间保留10%的保安负荷;连续性生产的化工、玻璃、造纸、化纤等生产企业(或生产工艺)实行日错避峰方案,并按照实际需求减少25%以上的用电指标避峰让电;除重点工程、地下基础施工和处于连续浇筑期的项目外,其他临时施工用电按公布的线路轮休表实行周避错方案,避错峰为3天,期间保留10%的保安负荷;按行政区域错开大型商店、宾馆、写字楼等场所空调的启动时间。早峰、腰荷按实际需求减少20%以上的用电负荷;高能耗的电炉炼钢、水泥、铸造、锻造、电镀、热处理加工、型(线)材加工、电解铜、铝压延加工等企业和设备按公布的线路轮休表实行周错避峰方案,错避峰日为4天,期间保留10%的保安负荷;景观照明一律暂停亮灯用电,所有网吧、歌舞厅、桑拿洗浴、夜总会、茶座、酒吧、电影院等娱乐场所停止用电。所有景观灯、广告用霓虹灯停止使用,路灯减半使用。

(六)F级预警

当电力供应缺口在100万～120万(含)kW以上时。非连续性生产企业(高等耗企业除外)按公布的线路轮休表实行错避峰方案,错避峰日为4天,期间保留10%的保安负荷;连续性生产的化工、玻璃、造纸、化纤等生产企业(或生产工艺)实行日错避峰方案,并按照实际需求减少30%以上的用电指标避峰让电;除重点工程、地下基础施工和处于连续浇筑期的项目外,其他临时施工用电按公布的线路轮休表实行周错避峰方案,错避峰为4天,期间保留10%的保安负荷;按行政区域错开大型商店、宾馆、写字楼等场所空调的启动时间。早峰、腰荷按实际需求减少20%以上的用电负荷;高能耗的电炉炼钢、水泥、铸造、锻造、电镀、热处理加工、型(线)材加工、电解铜、铝压延加工等企业和设备按公布的线路轮休表实行周错避峰方案,错避峰日为5天,期间保留10%的保安负荷;景观照明一律暂停亮灯用电。所有景观灯、广告用霓虹灯停止使用,路灯减半使用。

思考与练习

1. 供电服务的概念是什么？
2. 用户服务需求的评估指标是什么？
3. 用户服务需求对网荷互动的技术需求是哪些？
4. 用户对网荷互动的信息需求有哪些？
5. 怎样进行用电序列制定？

第七章 源网荷友好互动系统的终端装置

源网荷友好互动终端装置是指安装于电力用户的变电站、配电房等处,作为调度中心源网荷友好互动主站系统的用户侧控制终端设备,用于实现用户负荷实时监测、负荷控制管理、同时可支持实现电网负荷应急响应控制要求的专用负荷管理终端装置。此装置不仅具有用户线路负荷实时采集、就地功率控制、远程预购电功能等常规负控终端的功能,还具备快速响应大电网事故下的快速、精准负荷切除的功能。此终端遵循 Q/GDW 374.1–2016《电力用户用电信息采集系统技术规范:专变采集终端技术规范》[①]标准,并且符合《电力监控系统安全防护规定》(发改委〔2014〕14 号令)、《电力监控系统安全防护总体方案》(能源局〔2015〕36 号文)及《电力二次系统安全防护总体方案》的要求。

第一节 概　述

一、基本概念

（一）源网荷系统终端

它是指安装在客户变(配)电所,通过连接电缆与客户分路开关连接,实现对分路负荷的监测、采集、计算,并具备毫秒级自动跳开客户分路开关能力的负荷控制设备。

---

　① 　书中提及的 GB、DL 标准文件,凡是注明日期的,仅注日期的版本适用于本书;凡是不注日期的,其最新版本(包括所有的修改单)适用于本书。

（二）源网荷互动主站系统

它是指安装于电力调度中心,用于实现用户用电信息采集、负荷控制管理和响应大电网应急控制命令的负荷控制系统,与用户现场的源网荷互动终端及其他各类负荷管理终端通过通信网络共同实现负荷信息采集和负荷控制管理。

（三）可中断负荷

它是指在一定补偿机制下、签订经济合同或协议、客户自愿中断用电的负荷,主要包括家庭热水器、空调以及工厂非连续性生产负荷等。

（四）中断负荷量

它是指源网荷系统终端监测并记录的客户源网荷系统所接分路开关跳闸前的瞬时负荷。

（五）中断持续时间

它是指从源网荷系统所接分路开关跳闸时刻到源网荷系统终端发出合闸提醒信号时刻所经历的时间。

二、负荷控制系统

电网负荷控制主要包括调度批量负荷控制和营销负荷控制系统 2 种控制模式。电网故障情况下,负荷控制主要通过第二道防线的稳控系统紧急切除负荷,防止电网稳定破坏;通过第三道防线的低频低压减载装置负荷减载,避免电网崩溃;这种稳控装置集中切负荷社会影响较大,电网第三道防线措施意味着用电负荷更大面积损失。

对于电网故障下负荷紧急控制,存在控制容量大、速度快、可靠性要求高等特点。限于通信条件、动作延时、投资预算等因素,以往稳控装置均采用集中控制方式,执行端一般设置在 220 kV 变电站,以 110 kV 负荷线路为控制对象,无法做到按负荷性质进一步区分与选择。例如西北—华中 ±500 kV 德宝直流联网工程四川侧配套切负荷控制系统、宁夏—山东 ±660 kV 宁东直流输电工程山东侧配套切负荷系统,均采取此类切负荷方式。该类切负荷稳控系统为确保大电网安全发挥了重大作用,但社会影响也相对较大。随着电网一次网架的加强、直流功率调控等控制方式的实际应用,除了极为薄弱的电网或具备集中大工业负荷可短时切除的情况外,这种电网相对集中负荷控制手段已较少使用。稳控装置负控系统明显优势是在电网故障情况下在毫秒级或秒级以内实现负荷控制,确保电网安全稳定运行。

营销负控系统一般与用电采集系统一体化建设,用户侧终端可实现用户负荷信息精确采集,并上送至营销负控主站。主站具备用电信息采集、监测、控制功能,系统发布功率/电量定值控制指令,实现对用户负荷的监测和控制。营销负控系统明显的优势是能够实现稳态情况下负荷精确采集和精准控制,控制时间在秒级以上。

源网荷友好互动系统中的负荷控制系统结合了传统稳控装置负荷控制系统实时性、安全性优点,以及传统营销负荷控制系统精确性、可选择性优点,既安全可靠又经济实用。该系统改变传统稳控装置以 110 kV 线路为对象集中负荷控制方式,以 35 kV、10 kV 生产企业为最小节点,以企业内部短时间可中断的 380 V 负荷分支回路为具体控制对象,在电网故障紧急情况下既实现快速的批量负荷控制,确保大电网的稳定,同时又实现了负荷的精准友好控制,将电力用户的损失降至最小。

源网荷友好互动负荷控制系统架构如图 7.1 所示。负荷控制精细化决定了

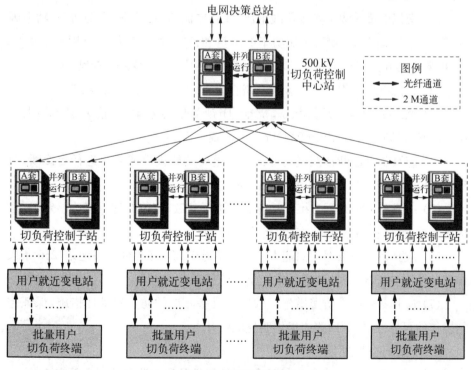

图 7.1 系统整体构架

涉及企业用户数量多;解决严重故障导致的电网大功率缺额问题,决定了控制系统覆盖地域广。因此,基于稳控技术的负荷精准控制系统按照负荷控制中心站、控制子站、用户就近变电站以及企业用户站四层控制架构设计。中心站、子站按双套配置,用户站与就近变电站单套配置。控制中心站与子站均设置在 500 kV 变电站,中心站考虑接入 10 个子站,各控制子站接入 200 个用户站。用户就近变电站在控制系统中起到电力公网与企业用户通道跨接桥梁作用,数量决定于用户的地理分布情况,一般呈 1∶4 的比例。

整套系统实现地区企业用户可中断负荷量实时汇总,紧急情况下完成地区可中断负荷的精准控制。从电网故障发生到负荷切除,整组时间控制 450 ms 以内。

三、主要功能

(一) 基本功能

终端设备作为用户侧信息的来源,在整个源网荷友好互动系统中起着重要的作用。其必须具备以下基本功能:

(1) 交流电量采集。实现母线电压、线路电流、有功功率、无功功率、功率因素、频率,总加组有功功率、无功功率的测量和计算;可采集的交流模拟量达 36 个,可采集的开关量达 176 个,满足现场对多条用户负荷线路的控制。

(2) 直流电量采集。具备多达六路直流 4~20 mA 信号采集功能。

(3) 状态量采集。开关状态、储能、闭锁等信号采集,遥信分辨率不大于 10 ms。软件防抖时间 10~60 000 ms 可设置。

(4) 应具备自诊断自恢复功能。可对重要功能板件或芯片进行自诊断,故障时能传送报警信息,异常时能自动复位。

(5) 应具备当地或远方维护功能。可进行参数、定值的远方修改整定,远程程序下载升级;提供本地调试软件的人机接口。

(6) 应具有历史数据存储能力。包括不低于 256 条事件顺序记录、256 条操作记录及不少于 32 条的装置异常记录等信息。

(7) 应具备软硬件防误措施。软硬件具备相应的防止误动作措施,保证控制操作的可靠性,控制回路应提供明显的断开点。

(二) 运行监控功能

源网荷友好系统正常运行过程中,系统终端装置在监测控制方面应该做到:

（1）可监视至少八个支路用户进出线的电压、电流、有功功率、无功功率等多个电气量数据，可监视同等数量的进出线开关状态等信息。

（2）可监视用户的实时负荷变化情况，并根据接收的主站下达相应负荷功率控制策略配置控制参数，控制管理用户的负荷。

（3）可对状态变位、功控记录、遥控操作、失电告警等多种类型事件进行记录存储和上传主站。

（4）可监视终端的功控模式、保电、剔除、通信异常等运行状况，及终端的异常状态、断电或恢复等信息。

（5）终端对时功能。能接收主站对时命令，或本地对时装置的网络、对时脉冲等多种对时命令，与系统时钟保持同步。

（6）通信监视功能。具备对装置每个通信接口的通信状态监视的功能。

（三）负荷管理功能

（1）电网稳定控制。可根据电网故障或紧急时的调度指令，实时接收主站的切负荷命令，完成负荷线路的秒级快速控制。

（2）就地功率控制。根据预设的用户负荷总加组的定值和参数，在功控功能投入时，根据监测的负荷功率，在预设的时段功率控、功率下浮控、厂休控、营业报停控等模式下，自动完成本地负荷功率控制。

（3）主站遥控限电。可接收主站的下发遥控分合闸命令，延时切除相应的负荷线路，将负荷功率限定在主站指定的目标功率范围内。

（4）远程预购电控制。可依据主站采集的用户电量，计算用户电费余额，发出告警提示，并执行预购电跳闸功能。

（四）数据透传功能

（1）智能电表数据透传。通过建立与用户各种规格电表的通信，通过主站通信接口接收主站远程读表命令，并通过电表通信接口转发至电表，同时可将电表返回的电能报文数据再通过网络传输给主站。

（2）其他设备数据透传。能与其他终端设备或 IDS 设备通信，实现主站与这类设备的通信数据报文透明传输。

（五）互联通信功能

源网荷友好互动系统在建设时采用适应国家电网公司系统保护的精确切负荷系统要求的 2M/以太网光电转换装置，通过与对侧变电站 SSP－500E 通信机箱的光纤通道规约到 IEC 60870 - 5 - 104 规约的协议转换,实现切负荷子站与负控终端的互联通信。

转换器的主要功能包括:

(1) COMSTC 通信规约,实现与 SSP - 500E 通信机箱通信。

(2) IEC 60870 - 5 - 104 规约,实现与负控终端通信。

(3) 协议转换,实现切负荷子站下发切负荷命令和负控终端上送可切负荷总量功能。

（六）其他功能

(1) 文字显示功能。液晶屏可以显示用户的实时电压、电流、负荷以及开关状态等内容。

(2) 话筒对讲功能。通过光纤通信采用 VOIP 电话,实现与主站的语音对讲、广播喊话功能。

第二节　终端工作原理

供电的安全性与可靠性之间关系到社会生产和生活的各个方面,在特高压骨干网逐渐投入运行的背景下,电网面临大规模主动负荷接入的趋势是不可避免的,这就给电网安全运行带来了挑战。源网荷互动指的是电源、电网及负荷三者之间的交互,其对于保证电力系统功率的动态平衡、提升电网运行安全等方面有着积极的意义。该系统通过快速精准控制客户的可中断负荷,将大电网的事故应急处理时间从原先的分钟级提升至毫秒级,可显著增强大电网严重故障情况下的弹性承受能力和弹性恢复能力,大幅提升电网消纳可再生能源和充电负荷的弹性互动能力。因而,对源网荷友好互动系统终端负控工作原理的研究有利于推动源网荷友好互动系统的进一步应用和发展。

一、终端负控工作原理

（一）基本原理

为实现用户负荷实时采集控制和远程预购电费控制(电量透传),网荷互动终端与主站建设对应,也分Ⅰ区实时控制(实时控制区)、Ⅳ区电量透传(管理信息区)两个互为独立部分。

"实时采集控制"部分通过采集用户进线和出线的电压电流及开关位置信号,并实时上传主站,同时接受主站的控制指令实现负荷线路的控制。"电量透传"部分则通过串口通信采集电能表的通信报文,然后将串口报文通过以太网接口发给Ⅳ区用电信息采集系统主站,获得远程用户用电量。

负荷实时控制主要工作方式如下:

(1)在电网正常运行时,根据主站预设的功率控制参数,计算当前总负荷有功功率与受控功率定值比较,然后通过切除相应负荷线路的方式,实现用户正常供电时的就地闭环功率控制。

(2)当主站需要直接切除相应的负荷轮次时,由Ⅰ区主站发遥控命令至终端,直接切除相应的负荷线路。

(3)当主站需要对预购电费的用户进行用电电费管理时,且用户剩余电量达到欠费限电门槛时,Ⅰ区主站响应Ⅳ区用采主站发出的控制命令,然后由Ⅰ区主站发费控命令至终端,按轮次切除相应的负荷线路(或全部的负荷线路),实现用户欠费时的费控。

(4)当电网发生故障需要快速切除负荷时,根据主站的快速切负荷指令,快速切除相应轮次的负荷线路,确保全网负荷快速控制的实现、重要负荷的供电和电网的稳定,实现电网故障时的稳控。

(二) 构架和通信

1. 系统构架

源网荷互动终端与主站负控系统、用电采集系统的结构如图 7.2 所示,源网荷互动终端与主站对应,具备接入Ⅰ区网络的实时控制和接入Ⅳ区网络的电量透传部分。该系统结构主要利用现有电力 SDH 光纤网络实现数据快速传递,结合用户侧终端接入网络和通信设备管理维护的实际需要,以用户侧电源进线的对端变电站为接入点,建设用户侧源网荷互动终端至变电站的光纤通道,实现与主站的通信通道的建立。为便于集中管理通信设备,在变电站侧建议专用的负荷控制系统通信所需的网络路由器、交换机等通信设备。

同时,终端可通过调度直接发快速切负荷指令给 500 kV 集控站,由集控站直接下发切负荷控制至终端,终端实现电网故障时的快速切负荷。同样,终端与集中切负荷装置间仍通过 SDH 光纤网络通信传输。主站的系统则根据整个系统的控制需要进行相应的设计建设。

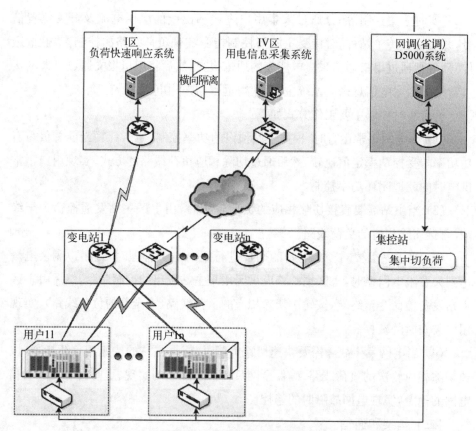

图 7.2 负荷控制系统构架

数据传输路径如下：

（1）用采有序用电数据。负荷实时数据、负荷线路开关状态通过网荷终端Ⅰ区部分经加密设备接入电力Ⅰ区光纤网络，传递至变电站侧路由器，再经由变电站路由设备传至调度的负荷快速响应系统主站。

电能表数据通过网荷终端Ⅳ区电能透传板的串口采集后，经以太网接口接入电力调度Ⅳ区光纤网络，传输至变电站侧交换机，再通过变电站设备送至地市公司的Ⅳ区汇聚层，最后送至省级营销Ⅳ区用电采集系统主站。

主站Ⅰ/Ⅳ区间进行数据交互，将负荷控制命令从Ⅰ区主站经Ⅰ区网络实时下达至用户侧网荷终端，终端根据主站控制命令或功率控制模式决定发出相应线路的切除指令，实现负荷控制。

（2）常规负荷控制数据。省调 EMS 将负荷控制指令下达给用采主站的负荷快速响应模块,主站将控制命令参数(或功率控制指令)下达到网荷互动终端,终端响应常规控制命令。

（3）紧急负荷控制数据。终端通过用户侧快速保护接口装置与集控站间通信,上传可切负荷功率和终端状态;在电网紧急时,接收网调或省调 EMS 下达的快速切负荷指令,经切负荷集控站,由集控站下达切除用户指令至终端,终端切除相应的负荷线路。

2. 用户侧通信

用户侧设备按Ⅰ区和Ⅳ区网络划分。

Ⅰ区:终端、Ⅰ区网络加密盒、Ⅰ区网络交换机;

Ⅳ区:终端电能表采集透传板(或串口服务器)、Ⅳ区网络交换机。

为适应电网快速控制,部分用户还需安装集中切负荷(E1)接口装置,该装置用于终端与切负荷集中站内的设备通信。用户侧设备连接如图 7.3 所示。

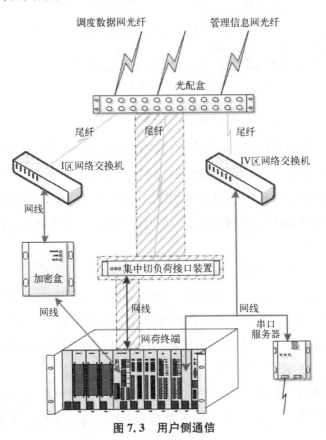

图 7.3　用户侧通信

（三）功率控制原理

源网荷互动终端负荷功率控制方式主要有就地功控、远方功控（遥控）、费控、电网保护控。电网保护控优先级最高，所有功控模式均支持以轮次控制的方式切除负荷线路，每一轮次切除的负荷线路预先设定。如图 7.4 所示。

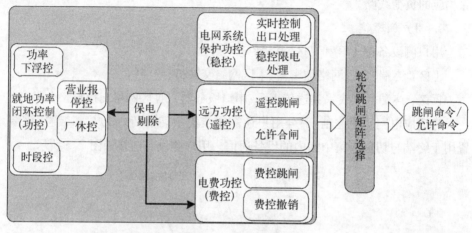

图 7.4　功控原理

1. 保电剔除和通信异常保护

保电状态是指当投入保电状态后，控制逻辑执行，但不输出跳闸信号（即不切除用户负荷）；剔除状态是指当终端收到剔除投入命令后，对任何广播命令或终端组地址命令均不响应，直到收到剔除退出命令；通信异常是指终端在通信正常时，才允许控制出口。终端通信中断超时后自动进入保电状态，通信恢复后自动退出保电状态。

2. 就地功率闭环控制

根据预设的用户负荷总加组的实时功率，计算出监测窗口内的平均功率（滑差功率），当超过负荷功率定值时，在预设的时段功率控、功率下浮控、厂休控、营业报停控等模式下，自动完成本地按轮次及延迟时间自动跳闸，实现负荷功率控制。

就地功率闭环控制的控制方式有时段控、营业报停控、厂休控、当前功率下浮控等模式。优先次序为前者最低，后者最高。在执行各类功率控制模式时,需先预设功控定值 Pr,即设定功率定值要先与保安定值 Pba 比较,大于保安定值按设定功率定值 Pn 执行,小于保安定值按保安定值执行。功率控制过程如下:

(1) 定值功率比较: $Pr > Pba$, $Pn = Pr$; $Pr < Pba$, $Pn = Pba$;

(2) 滑差功率比较: $Pt > Pn$,则经轮次跳闸延时后,跳本轮线路;

(3) 将跳闸后功率存入监测功率窗口,获得滑差功率 $Pa1$;

(4) 如 $Pa1 > Pn$,则重复(2),如 $Pa1 < Pn$,则结束轮次跳闸控制。

其中,Pt 为负荷总加功率、$Pa1$ 为减负荷的总加功率。在修改参数、控制投入或退出、控制执行过程中,应有相应的告警通知用户。

3. 远方功控

终端收到主站跳闸命令后,控制相应的可中断负荷开关。同时终端更改终端显示屏上的开关状态并通知用户,记录跳闸前后的负荷功率、跳闸时间等信息。终端发允许用户合闸命令或遥控限电时间结束后,会通知用户,可以允许用户自行合闸。如图 7.5 所示。

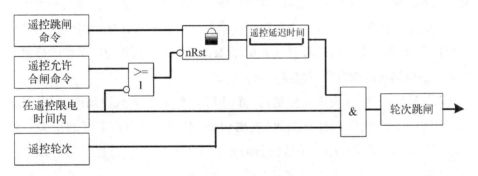

图 7.5　遥控跳闸逻辑

4. 远程预购电量(费)控制

主站投入相关用户的预购电量控制(费控功能激活)后,根据用户预购电量,由主站根据采集的电表用电量,计算出剩余电量,当剩余电量 < 0 或 $<$ 欠费告警电量时,则根据下达的费控跳闸延迟时间,切除用户(相应轮次的)线路。当解除预购电量控制(或保电)时,恢复合闸条件。费控跳闸逻辑如图 7.6 所示。

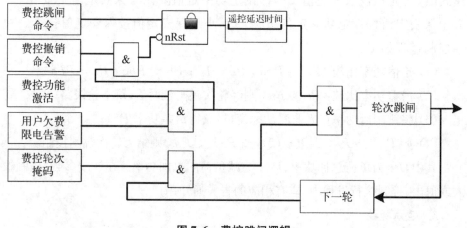

图 7.6　费控跳闸逻辑

5. 电网快速响应负荷控制

当特高压电网故障时,导致无法将电能传输到受端电网,受端电网由于本地电源无法提供足够的有功支撑,会导致受端电网频率下降,从而引发电网稳定等相关问题。采用传统的变电站线路拉闸的调度操作方式一方面会导致相关供电用户造成重大损失,另一方面也使得调度员拉闸操作的工作压力过大。从避免用户损失、确保重要负荷正常供电出发,提高故障时的负荷快速准确切除显得尤为必要。电网快速响应负荷控制分两种模式:

(1) 秒级控制(常规负荷控制)。省调 EMS 的常规负荷控制模块,根据其自动控制和辅助决策的计算结果,发出切负荷指令,给同在Ⅰ区的用采主站(负控快速响应系统),用采主站根据调度切负荷指令,进行分区计算和地区控制,再由主站直接下达批量快速控制指令至现场互动终端,由终端切除相应的次要负荷线路,并确保在稳控时间结束前用户不能自行合闸。当主站发解除快速控制负荷线路的指令或稳控时间结束后恢复合闸条件,用户方可给相应线路供电。

(2) 毫秒级控制(电网紧急控制)。当电网出现紧急情况或发生故障时,网调或省调根据 EMS 计算结果由其下发切负荷定额指令给源网荷系统负控中心站,中心站经集控站将控制指令下发给源网荷互动终端,终端根据预设的可切线路组合,切除相应的负荷线路。

二、测控功能工作原理

终端装置同时还可以作为一个独立的测控装置使用,支持具备测控功能、通信终端(通信网关)功能,可以采集交流电量、温湿度等环境参数、开关量、脉冲量等信号(或通信采集),通过内部的傅里叶计算模块、功率计算模块、有效值模块、电能质量谐波分析等模块可实现测量监测功能。测控功能模块如图 7.7 所示。

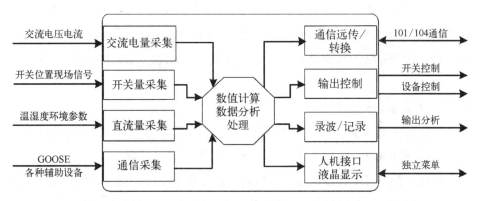

图 7.7 测控模块

(一)测量检测

终端装置可进行 36 个交流电量信号的采集,实现频率、电流、电压、功率、有效值、相角、序分量、谐波等多个数据的采集监测。电压、电流数据的采集通道可选,电流支持 5 A、1 A 额定输入,最大可测电流达 6 A;电压支持 PT 二次 100 V 额定或 400 V 电压输入。监测的谐波电压电流最高为 19 次谐波。

可进行四路环境温度、湿度直流量的采集,实现温度、湿度及其他信号量的采集监测。

可进行多达 176 路无源开关量输入信号采集(复用),配置两块开入可支持66 路遥信、脉冲量采集。

可进行通信数据采集,从其他设备采集数据,支持以太网接口、光纤接口、串口、CAN 通信接口等多种接口通信采集数据,支持 GOOSE、MODBUS 等多种通信协议。

(二)通信终端

终端装置可作为远方通信终端,实现测控数据的三遥功能(遥测、遥信、遥

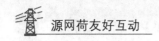

控），支持以太网接口、串口作为远程通信接口。支持远方 101 规约、104 规约进行数据的传输。

终端装置同时可作为一个通信网关设备，实现从串口到以太网接口的通信转换，如支持电能表数据的召测。

（三）输出控制监视

1. 数据录波

终端装置可支持手动录波，将输入的采样数据保存为录波数据文件进行存储，保存的录波文件导出到装有录波分析软件的电脑主机后，可进行暂态波形数据过程查看和分析。可清晰查看各通道数据的向量关系、谐波分量、序分量关系等。

2. 输出控制与监视

终端装置支持多达 27 路可控制的输出，控制输出支持以空接点的遥控脉冲输出、常保持的输出，可用于开关的控制，或一般的设备控制。

终端装置不仅支持输入输出通道的状态监视，还可对内部的告警状态、故障信号进行监视，可识别装置当前的内部状态，准确把握装置运行状况。

3. 人机接口

终端装置具有独立于负控菜单的人机接口菜单，可分类查看设备状态、实时数据、告警信息、事件记录、内部状态量和设置系统参数。

第三节　终端技术要求

一、环境要求

（一）自然环境条件

1. 气候条件

源网荷友好互动系统中，要求系统终端在以下气候条件下能够正常工作。

（1）环境温度、湿度要求（见表 7.1）。

（2）周围环境要求。周围无爆炸危险、无腐蚀性气体及导电尘埃，无严重霉菌存在，无剧烈振动冲击源。场地安全要求应符合 GB/T 9361 中的规定。接地电阻应小于 4 Ω。

表 7.1 工作场所环境温度和湿度分级

级　别	温　度		湿　度	
	范围℃	最大变化率℃/min	相对湿度(％)	最大绝对湿度 g/m³
C1(3K5)	－5～+45	0.5	5～95	20
C2(3K6)	－25～+55	0.5	10～100	29
C3(3K7)	－40～+70	1	10～100	35
CX	特　定			

注：CX 级别根据需要由用户和厂家协商确定。

2. 供电电源要求

(1) 电源用电方式。终端的交流电源、直流电源按 GB/T 15153.1－1998 中 4.2 和 4.3 的有关规定执行。供电方式有市电交流 220 V 供电和现场直流屏供电两种方式。

(2) 交流电源技术参数指标。

① 电压标称值为 220 V 或 110 V；

② 标称电压允许偏差为 +15％～－20％；

③ 标称频率为 50 Hz,频率允许偏差为士 5％；

④ 波形为正弦波,谐波含量小于 10％。

(3) 直流电源技术参数指标。

① 电压标称值为 220 V、110 V、48 V 或 24 V,可任选一种；

② 标称电压允许偏差为 +15％～－20％；

③ 电压纹波为不大于 5％。

终端装置整机功耗＜30 VA(不含通信模块)。

(二) 结构要求

终端装置的板件应插拔灵活,液晶面板安装正确、按键操作自如。装置的机箱尺寸符合设计图纸要求,机箱整体无翘曲、变形、损伤,安装螺丝紧固、无滑丝。安装在户内的装置防护等级不得低于 GB/T 4208 规定的 IP20 的要求。终端装置应有独立的保护接地端子,并与外壳和地面牢固连接。终端金属外壳、盖板及终端正常工作可能被接触的金属部分,应连接到保护接地端子,接地端子应有清楚的接地符号,接地螺栓直径不小于 6 mm。

终端中的接插件应满足 GB/T 5095,接触可靠,并且有良好的互换性。提供的试验插件及试验插头应满足 GB/T 5095,以便对各套装置的输入和输出回路进行隔离或能通入电流、电压进行试验。

（三）变量要求

1. 模拟量

在对源网荷友好互动系统的终端设备进行模拟时,交流工频模拟量输入值可见表 7.2,允许基本误差极限和等级指数可见表 7.3。交流工频量允许过量输入的能力应该满足 DL/T 630－1997 中 4.5.9 的规定。直流模拟量输入范围为 4～20 mA、模拟量转换总误差应不大于 0.5％或不大于 0.2％。

表 7.2   交流工频模拟量输入标称值

电流 A	电 压 V	频 率 Hz
1	100/√3/100/220/380	50
5	100/√3/100/220/380	50

注:用户采用其他的标称值可由用户与制造厂协商。

表 7.3   以百分数表示的误差极限和等级指数的关系

误差极限	±0.50％	±1.00％
等级指数	0.5	1

2. 状态量

支持无源空接点接入,输入回路应有电气隔离和滤波回路,遥信电源电压推荐使用直流 48 V,可根据现场要求调整电源电压。

3. 遥控输出

以空接点输出,继电器触点额定功率为交流 250 V/5 A、直流 80 V/2 A 或直流 110 V/0.5 A 的纯电阻负载;触点寿命是通、断上述额定电流不少于 10^5 次。

二、性能要求

（一）信息通道

以太网通信符合 100Base－TX 以太网 RJ45 标准接口,传输速率支持

10/100 Mb/s 带宽自适应,通信介质采用五类或超五类双绞线。

串口通信的传输速率为 6 00 bit/s、1 200 bit/s、2 400 bit/s、4 800 bit/s、9 600 bit/s、19 200 bit/s 或 38 400 bit/s,支持全双工或半双工通信。

(二) 绝缘性能

1. 绝缘电阻

在正常大气条件和湿热条件下,终端各电气回路对地和各电气回路之间的绝缘电阻要求,如表 7.4 所示。

表 7.4　　　　　　　　　　　正常条件绝缘电阻

额定绝缘电压 V	绝缘电阻要求 MΩ		测试电压 V
	正常条件	湿热条件	
$U_i \leqslant 60$	$\geqslant 5$	$\geqslant 1$	250
$U_i > 60$	$\geqslant 5$	$\geqslant 1$	500

注:与二次设备及外部回路直接连接的接口回路绝缘电阻采用 $U_i > 60$ V 的要求;
湿热条件:温度(40±2)℃,相对湿度 90%~95%,大气压力为 86 kPa~106 kPa。

2. 绝缘强度测试

在正常试验大气条件下,设备的被试部分应能承受表 7.5 规定的 50 Hz 交流电压 1 min 的绝缘强度试验,无击穿与无闪络现象。试验部位为非电气连接的两个独立回路、各带电回路与金属外壳之间。

表 7.5　　　　　　　　　　　　绝缘强度

额定绝缘电压 V	试验电压有效值 V	额定绝缘电压 V	试验电压有效值 V
$U_i \leqslant 60$	500	$125 < U_i \leqslant 250$	2 000
$60 < U_i \leqslant 125$	1 000	$250 < U_i$	2 500

注:与二次设备及外部回路直接连接的接口回路试验电压采用 $U_i > 60$ V 的要求。

对于交流工频电量输入端子与金属外壳之间,电压输入与电流输入的端子组之间都应满足施加 50 Hz、2 kV 电压,持续时间为 1 min 的要求。

(三) 电磁兼容性能

源网荷友好互动系统的终端设备,在抵抗各种电磁干扰能力方面,应该符合相关国家标准,具体见表 7.6。

（四）机械振动性能

终端设备应能承受频率 f 为 2～9 Hz、振幅为 0.3 mm 及 f 为 9 Hz～500 Hz、加速度为 1 m/s² 的振动。振动之后,设备不应发生损坏和零部件受震动脱落现象,各项性能均应符合相关技术要求。终端设备抗干扰能力参数见表 7.6。

表 7.6　　　　　　　　　终端设备抗干扰能力要求

干 扰 类 型	参 考 标 准
电压突降和电压中断	GB/T 15153.1
振铃波	GB/T 17626.12
快速瞬变脉冲群	GB/T 17626.4
浪涌	GB/T 17626.5
静电放电	GB/T 17626.2
工频磁场	GB/T 17626.8
射频磁场辐射	GB/T 17626.3
射频场感应的传导骚扰	GB/T 17626.6
脉冲磁场	GB/T 17626.9
阻尼振荡磁场	GB/T 17626.10

（五）稳定性、可靠性

终端设备完成调试后,在出厂前必须进行不少于 72 h 连续稳定的通电试验,试验时输入的交直流电压均为额定值,输出结果要求符合各项技术指标要求。终端设备平均无故障工作时间(MTBF)应不低于 30 000 h。

第四节　终端系统维护

装置在现场安装运行后,应定期安排专人检查维护。装置具备完善的自检功能。自检发现的问题可触发相应的告警或故障信息,可以提醒用户及时采取措施。定期检查维护还可以发现由于外部接线异常,或错误操作,或硬件异常导致的装置闭锁,定期检查可确保上述异常能得到及时处理。终端系统维护见图 7.8。

图 7.8(a) 终端系统维护

图 7.8(b) 终端系统维护

图 7.8(c) 终端系统维护

一、装置试验

（1）根据装置接口要求，为相应的接口施加测试激励量，施加的测试激励量不能超过装置允许施加的额定参数范围。

（2）施加信号时观察装置的状态显示是否正常，装置的菜单能否正确显示激励信号或状态。如不正确显示请逐步检查试验回路、装置设置、相关提示信息，直到装置正确显示激励量。

（3）装置试验时应注意装置是否发生相应的异常，发生异常应暂停试验，待检查无异常后重新施加信号。

二、装置维护要求

（1）装置维护前应熟悉装置相关的资料或图纸、熟练操作装置，了解保护面板上各指示灯的意义。

（2）熟悉保护装置接口信号，了解装置接口信号是否接入正确。

（3）熟悉每个保护的判据和现有定值，熟悉保护各种信息的查阅。

（4）熟悉保护装置的运行环境要求，掌握装置的正常维护要点，知道装置故障的简单判断依据。

第五节　终端设备操作

随着特高压骨干网络的建设应用及大规模主动负荷的接入，江苏电网运行特性发生深刻变化，迫切需要创新管控模式，加强技术支撑。2016 年，国网江苏电力提出建设大规模源网荷友好互动系统，通过对负荷资源的分类、分级、分区域管理，实现电网、负荷等资源的互济协调，增强大电网严重故障情况下的弹性承受能力和弹性恢复能力，提升电网消纳可再生能源和充电负荷的弹性互动能力。目前，江苏省电力公司通常使用的是 FT － 8605 智能网荷互动终端。

一、应用范围

FT － 8605 网荷互动终端装置是安装于大型电力用户的变电站、配电房等处，作为调度中心网荷互动主站系统的用户侧控制终端设备，用于实现用户负荷实时监测、负荷控制管理，同时可支持实现电网负荷应急响应控制要求的专用负荷管理终端装置。该装置不仅具有用户线路负荷实时采集、就地功率控制、远程预购电功能等常规负控终端的功能，还具备快速响应大电网事故下的快速负荷切除、事故告警音响及 VOIP 电话对讲广播等功能。

二、遵循标准

本终端遵循 Q/GDW 374.1－2016《电力用户用电信息采集系统技术规范：专变采集终端技术规范》《江苏电力用户用电信息采集系统专变采集终端 I 型技术规范》标准而设计。

本终端的安全设计符合《电力监控系统安全防护规定》（发改委〔2014〕14 号令）、《电力监控系统安全防护总体方案》（能源局〔2015〕36 号文）及《电力二次系统安全防护总体方案》的要求。

三、技术特点

（1）采用 TI 公司新一代高性能 C674xDSP 作核心处理器开发设计。

（2）带液晶、按键等常规接口，及支持使用虚拟面板等人机接口调试工具，在人机接口板故障或失电时仍可使用，接口功能强大。

（3）具备多路信号采集、多路控制输出、多种通信接口、支持与远方主站以多种协议通信等远传功能。

（4）支持通过调试接口应用调试配置工具软件实现对装置的内部信息及状态的监视、配置装载，及所有板件的固件升级。

（5）装置采用高性能 DSP、内部高速总线、智能 I/O，硬件和软件均采用模块化设计；配置灵活，具有插件、软件模块通用，易于扩展、易于维护的特点，可为用户带来应用灵活、备品备件种类少、更换方便的好处。

（6）装置采用一体化设计、全封闭上架式机箱，强弱电严格分开，抗干扰能力大大提高，电磁兼容各项标准均达到继电保护级的 IEC 标准。

（7）支持图形化逻辑组态工具实现装置接口信号、逻辑、输出控制及事故告警的现场组态、程序升级，具备根据现场需求、用户可定制的特点。

四、主菜单

主菜单如图 7.9 所示，菜单屏共有 10 行信息，两条分割线中的菜单（最多为 8 行）为装置菜单信息，分割线上的首行和分割线下的末行均是菜单提示信息。光标选中的菜单可通过"确认"进入相应的子菜单，而从子菜单返回时，按"取消"键即可返回上一级菜单。选中所在行的子菜单后，当前选中菜单条目反色显示。

按"▲""▼"键只在菜单行间滚动,按"◀""▶"键只在菜单列间滚动。

1. 运行状态

显示终端运行状态信息菜单,包括功控模式、通信状态、当前告警等信息。见图 7.10。

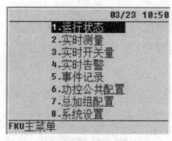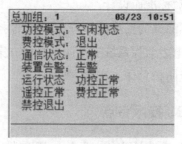

图 7.9　主菜单　　　　　　　　图 7.10　运行状态菜单

2. 实时测量

显示各个总加组的总加功率、各支路线路功率、各组母线电压、各支路线路电流数据的菜单,有四个二级子菜单组成,通过"◀""▶"键进行顺序切换;当进入各功能二级子菜单后,查看子菜单所有信息通过按"▲""▼"键进行当前子菜单翻页显示,见图 7.11。

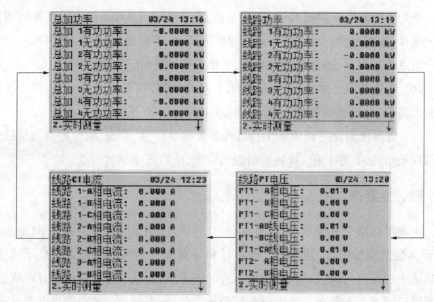

图 7.11　实时测量菜单

本菜单显示的功率为一次值,单位为:kW/kVar,电压电流为二次值,单位为:V、A。

3. 实时开关量

显示接入的开关的状态。首行 X/176 表示当前菜单起始开关量顺序,终端最多可测 176 个开关量。●表示该开关量状态为"1",○表示状态为"0"。●或○后带 X 表示开关量异常或不存在。开关量的名称可以在逻辑组态中命名指定,按"▲""▼"键进行当前子菜单翻页显示,目前终端开关量板件 7 上开关量对应为菜单中序号 64~93 的开关量。见图 7.12。

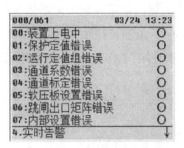

图 7.12 实时开关量菜单

图 7.13 实时告警菜单

4. 实时告警

显示内部告警信号的状态,首行 X/Y 表示 X 当前菜单起始告警顺序,终端有 Y 个告警信号。●表示告警动作,○表示告警返回。告警信号名称可以在逻辑组态中指定,按"▲""▼"键进行当前子菜单翻页显示。见图 7.13。

5. 事件记录

显示装置保存的事件记录,是有多个二级子菜单构成的菜单。按"▲""▼"键只在菜单行间滚动。光标选中的菜单可通过"确认"进入相应的子菜单,而从子菜单返回时,按"取消"键即可返回本级菜单。见图 7.14。

图 7.14 事件记录菜单

(1)功控记录。显示就地功控下的动作记录。可记录四种模式的动作记录(时段控、下浮控、营业报停控、厂休控)。首行 X/Y 表示第 X 条记录,共有 Y 条功能记录。按"▲""▼"键进行子菜单翻页显示。显示总加组 XX 轮次××的动作时间,轮次动作前、动作后功率,当时定值,跳闸前延迟,功控模式等信息。见图 7.15。

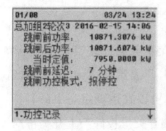

图 7.15　功控记录菜单

(2) 遥控记录。显示主站遥控负荷线路的记录。首行 X/Y 表示第 X 条记录,共有 Y 条遥控记录。按"▲""▼"键进行当前子菜单翻页显示。显示轮次××,动作时间,动作前、动作后功率,跳闸前延迟等信息。见图 7.16。

 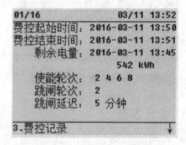

图 7.16　遥控记录菜单　　　　图 7.17　费控记录菜单

(3) 费控记录。显示主站费控负荷线路的记录。首行 X/Y 表示第 X 条记录,共有 Y 条费控记录。按"▲""▼"键进行当前子菜单翻页显示。显示轮次××,动作时间,动作前、动作后功率,跳闸前延迟等信息。见图 7.17。

(4) 系统日志。显示主站操作记录,每屏显示四条,最多记录 256 条。首行 X/Y 表示当前菜单起始第 X 条,共有 Y 条记录。按"▲""▼"键进行当前子菜单翻页显示。见图 7.18。

004/057	03/24 13:28
16-03-22 15:58:02.574	
轮 1遥控允合成功	
16-03-22 15:58:02.334	
轮 1遥控允合成功	
16-03-22 15:58:01.854	
轮 1遥控跳闸失败	
16-03-22 15:58:01.695	
轮 1遥控跳闸失败	
4.系统日志	

图 7.18　系统日志菜单

(5) 遥信记录。显示遥信变位记录,每屏显示 4 条,最多 256 条。首行 X/Y 表示当前菜单起始第 X 条,共有 Y 条记录。记录变位后的状态。按"▲""▼"键进行当前子菜单翻页显示。见图 7.19。

（6）告警记录。显示告警动作或返回的记录，每屏显示 4 条，最多 256 条。首行 X/Y 表示当前菜单起始第 X 条，共有 Y 条记录。记录告警动作或返回后状态。按"▲""▼"键进行当前子菜单翻页显示。见图 7.20。

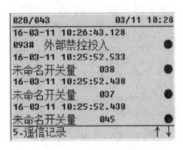

图 7.19　遥信记录菜单

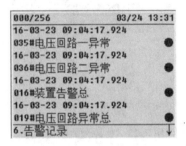

图 7.20　告警记录菜单

（7）负荷曲线。负荷曲线菜单显示最近一个月的八个总加组整点的负荷曲线（有功功率，单位 KW），其中首行提示：总加组：X－Y 中的 X 表示总加组号，Y 表示某日的标记。第二行表示负荷曲线日期。按"▲""▼"键进行当前总加组、某日子菜单翻页显示。按"◀""▶"进行总加组间切换。按"＋""－"进行前一日/后一日负荷曲线查询。00～23 表示钟点数。见图 7.21。

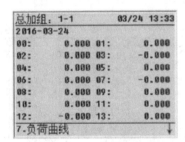

图 7.21　负荷曲线菜单

（8）通知消息。显示推送的通知消息，首行 X/Y 表示当前菜单起始第 X 条，共有 Y 条记录。记录告警动作或返回后状态。按"▲""▼"键进行当前子菜单翻页显示。见图 7.22。

6. 功控公共配置

显示装置功控的配置，是有多个二级子菜单构成的菜单。按"▲""▼"键只是菜单行间滚动。

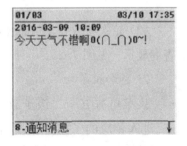

图 7.22　通知消息菜单

光标选中的菜单可通过"确认"进入相应的子菜单,按"取消"键即可从子菜单返回本级菜单。见图7.23。

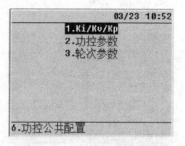

图 7.23　功控公共配置菜单

图 7.24　Ki/Kv/Kp 菜单

(1) Ki/Kv/Kp。显示 PT、CT 的一次/二次变比系数。( )内为二次额定电压、额定电流。同时显示每条线路名称,按"▲""▼"键进行当前子菜单翻页显示。见图7.24。

(2) 功控参数。显示就地功控下的保安定值、浮动系数、中断保电时间以及时段定义等参数。其中↑表示该时段是用于控制的,↓表示该时段是不控的。见图7.25。

图 7.25　功控参数菜单

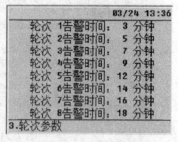

图 7.26　轮次参数菜单

(3) 轮次参数。显示总加组公共轮次的配置。按"▲""▼"键进行更多轮次查询显示。见图7.26。

7. 总加组参数

该菜单有五个二级子菜单界面,按"▲""▼"键选中相应子菜单,按"确定"进入相应的子菜单。所有子菜单按"◀""▶"键可进行总加组切换。见图7.27。

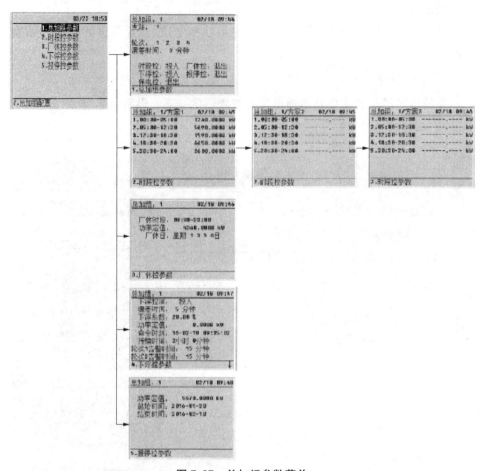

图 7.27　总加组参数菜单

（1）在"总加组参数"二级子菜单。菜单内容如下：第一行显示：总加组号；第二行显示：总加组共有几个支路组成；第四行显示：总加组对应轮次；第五行显示：滑差时间；以下显示是在哪种控制模块下投退。

（2）在"时段控参数"二级子菜单。每个总加组有三种方案，按"＋""－"键实现方案切换。显示一日细分为几个时段（最多为八个时段，所有总加组、所有方案的时段统一），每个时段的功率定值。

（3）在"厂休控参数"二级子菜单。为指定的时段、厂休日、功率定值。

（4）在"下浮控参数"二级子菜单。按"▲""▼"键进行当前菜单显示，显示当前下浮的功率系数，功率定值为投入后计算获得。下浮控中有一个私有的轮次告警设置。

（5）在"报停控参数"二级子菜单。显示功率定值、营业报停的起始和结束时间。

8. 系统设置

系统设置子菜单主要是本地可设置或查看的信息：设备信息、网络配置、密码修改、系统时间设置。见图 7.28。

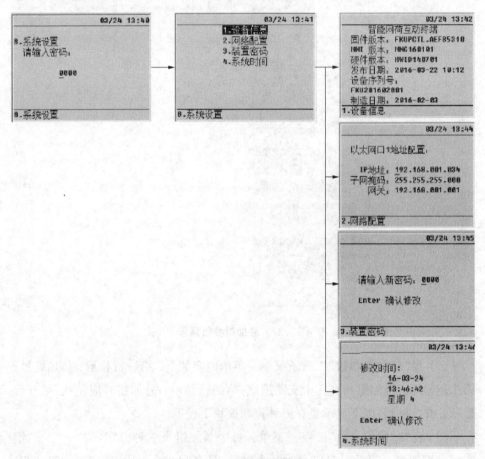

图 7.28　系统设置菜单

需修改相应的设置项则在按"确定"键弹出的"输入密码"界面中输入正确的密码,再按"确定"键进入目录子菜单,进行每一项设置的修改,其中"设备信息"二级子菜单中显示的仅行政区码、终端地址、设备编号三行信息可修改,其他信息不可改。在"网络设置"二级子菜单中每屏显示一个网络接口,需通过按"◀"
"▶"键切换查看。

如仅查看相应的设置项,则在按"确定"键弹出的"输入密码"界面中,再按
"取消"键进入目录子菜单,可进行每一项的查看,但不可修改任何项。

五、屏保菜单

当没有用户操作终端超过 3 分钟后,自动转入屏保菜单。在屏保菜单还可
以按"▲""▼"" + "" − ""确认""取消"键切换到
主菜单,屏保菜单与主菜单间切换通过"取消"键
进行。

本菜单显示总加组的功率、终端地址等信
息。通过"◀""▶"键可实现屏保菜单页面的切
换。见图 7.29。

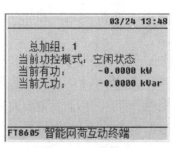

图 7.29　屏保菜单

思考与练习

1. 简述可中断负荷、中断负荷量、中断持续时间的定义。

2. 源网荷友好互动终端负荷功率控制方式有哪些?

3. 源网荷友好互动系统对信息通道有哪些要求?

4. 终端系统维护要求有哪些?

5. 终端数据有哪些应用?

第八章　源网荷友好互动系统下的
电力需求侧管理

传统模式下的电力系统是一个"单侧随机系统"，即用户的用电负荷具有随机性、不可控性，而发电出力则相对可控。未来随着大量可再生能源发电并网，发电侧的随机性显著增加，电力系统即将转变为"双侧随机系统"，这严重影响了电力系统整体的安全稳定运营。

发电系统可靠性评估是供电可靠性研究中的重要环节。发电系统可靠性是指评估统一并网运行的全部发电机组按可接受标准及期望数量来满足电力系统负荷电力和电量需求的能力的度量。由于传统电网水平的限制，目前国内外电力需求侧管理工作的进展都比较缓慢。近几年来兴起的智能电网技术，可以有效解决目前传统电网电力需求侧管理所面临的一些问题，提升电力需求侧管理水平，因此，研究源网荷友好互动系统下电力需求侧管理是很有意义的。

第一节　源网荷系统下的电力需求侧管理结构

一、电力需求侧管理

电力需求侧管理（Power Demand Side Management，DSM）是指在政府法规和政策支持下，采取有效的激励和引导措施以及适宜的运作方式，通过电网企业、能源服务企业、电力用户等共同协力，提高终端用电效率和改变用电方式，在满足同样用电功能的同时减少电力消耗和电力需求，为达到节约资源和保护环境，实现社会效益最优、各方受益、成本最低的能源服务所进行的管理活动。

实施电力需求响应,运用经济杠杆引导电力用户主动削减尖峰负荷,实现用户和电网之间互联、互动。对于促进电力资源优化配置,增强电网应急调节能力,缓解电力供需矛盾,推进智能电网发展具有十分重要的意义。近年来,江苏省创新电力需求管理,在全国率先开展电力需求响应,单次最大需求响应负荷量达到 352 万 kW,创世界第一,起到了很好的示范作用。为进一步深化电力需求响应工作,仍需不断完善需求响应机制。

　　进一步完善需求响应体系,推动负荷管理科学化、用电服务个性化,严格执行相关政策法规和约定规则。它既要保障电网可靠运行,又要不危及企业安全生产;既要保障需求响应工作的有效开展,也要做到对所有自愿参与用户公平公正。鼓励有条件的地区,探索采用 PPP 模式建设需求响应虚拟电厂,推动城市需求响应的规模化发展。进一步完善用户需求响应机制,根据响应方式、响应速度和响应时间细化补贴标准,原则上实时自动需求相应补贴标准是邀约响应的 3～5 倍,以挖掘需求响应潜力,创新需求响应模式。

　　近日,国家发展改革委、国家能源局等六部门联合发文,对 2011 年开始实施的《电力需求侧管理办法》进行了大幅修订,让电力需求侧管理再度加码。其中,电力需求侧管理实施主体的变化,值得关注。

　　修订版明确"电网企业、电能服务机构、售电企业、电力用户是电力需求侧管理的重要实施主体",而原版则规定"电网企业是电力需求侧管理的重要实施主体""电力用户是电力需求侧管理的直接参与者"。

　　新增的电力需求侧管理实施主体电能服务机构、售电企业,无疑跟电力改革有关。新一轮电力体制改革催生了诸多新的市场主体,为用户提供更加个性化的电力服务。电力用户的角色亦有显著变化,由"直接参与者"转变为"重要实施主体"。

　　事实上,用户应是电力需求侧管理最利益攸关的主体。从其在文件中的角色变化,能体会到用户在电力需求侧管理中要有新气象,更要有新作为。寄希望于用户自发进行电力需求侧管理,更多属于奢望,必须进行引导。

　　(一) 发挥好电价政策的引导作用

　　如果电价完全市场化,用户自然会根据市场价格情况调整用电行为。目前,我们电价市场化刚刚起步,主要还是依靠行政定价。定价策略须充分考量其对用电行为的可能影响,切实发挥电价的核心引导作用。这不仅是经济学问题,也

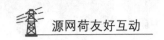
是行为心理学问题,需要深入研究。

(二) 发挥好技术平台的支撑作用

电力需求侧管理需要有用电方案等软支撑,也要有相应技术平台、科技装备等硬件的支撑。既要利用大数据、云计算等先进理念和技术,搭建电力需求侧管理综合平台,也要在用户端形成足够的硬件支撑,形成闭环管理系统。

(三) 发挥好能力培训的服务作用

电力属于技术密集型产业,而且政策性也很强,用电方案的优化调整,既需要技术支撑,也需要政策支撑,属于专业性比较强的事项。政府部门、电网企业等需要对用户(包括部分电能服务机构、售电企业)进行培训引导,思想上提高其积极性,技术上提高其可行性,方法上提高其操作性。

(四) 发挥好成效考核的倒逼作用

目前,电网企业电力需求侧管理完成情况已形成例行公开格局,但对于用户参与情况、实施效果尚未见公开数据。应当进一步建立健全科学的考核体系,对用户推进电力需求侧管理的情况进行适当考核。

当前,我国电力供应宽松,电力需求侧管理的方式、方法、手段有别于此前电力供应紧张时,各方的积极性也会因供需形势不同而产生变化,这就更加考验推进新时代电力需求侧管理的智慧。

从长远看,电力市场化程度日渐加深,市场化交易电量迅速扩大,这是不可逆转的大趋势。电力需求侧管理具有一定"行政色彩",过渡阶段需要与市场改革更好结合,长远计划应当坚持市场在配置资源中起决定性作用,把用户的用电选择权以市场的方式交给用户自己。

二、源网荷友好互动系统下电力需求侧管理内涵的扩展

与传统电网相比,在智能电网技术支持下,用户与电力公司的双向互动更加简便快捷,这不但加强了电力公司对用户信息的掌握,也使得用户可以从电力公司得到实时电价信息及电网相关运行信息,故源网荷友好互动系统下电力需求侧管理的内涵得到了相当程度的扩展,其主要内容阐述如下。

(一) 全面的用电负荷监控和智能电器

在智能电网下,高级计量基础设施(Advanced Metering Infrastructure,AMI)将会得到推广和应用,这是一种使用智能电表、通过多种通信介质,能够双

向通信,能够测量、收集并分析用户用电数据的系统,可以实现远程抄表、停电管理、窃电监测、负荷预测、电能质量管理等功能,是智能电网的基础信息平台。故在智能电网下,电力公司能通过在用户端安装智能电表,借助 AMI 全面准确地对用户实时负荷进行监控,有利于电力公司掌握系统实时负荷情况,使其调度中心可以进行短时负荷预测,保证发电负荷的及时供应以及计算全网网损。智能电网下用户端的智能电器还可以实现对用电设备的智能控制,对一些可自动运行的用电设备根据系统的实时电价和用户意愿,控制其在适当时候运行或停止,以达到错峰填谷的功能。

（二）建立实时电价体系

在智能电网下,电力公司可以借助 AMI,利用智能电表、双向通信、计量数据管理等技术实时掌握系统发电供电用电情况,据此将可建立实时电价体系,执行更全面合理的分时电价、实时电价政策。也就是说,电价随供电成本的变化而实时变化:供电成本高时电价提高,供电成本低时电价降低,峰荷时电价提高,负荷低谷时电价降低,水电机组电价低,火电机组电价高等。

电力公司通过智能电网能执行实时电价并能及时地将之告知用户,用户可以根据自己的需要以及当前电价灵活地选择用电方式,达到节省电费的目的。对于电力公司而言,也能达到移峰填谷,减少网损,减少煤耗,减少备用负荷,减少发输电设备投资等效果。

（三）电力公司与用户的互动

由于智能电网可以与各种发电电源及储能装置实现无缝对接,用户在参与电力需求侧管理时,可以根据需要安装或购买分布式电源或储能装置,例如屋顶太阳能发电装置、电动汽车等。根据电力公司实时发布的供电信息决定启动或关闭这些设备,例如在系统峰荷时通屋顶太阳能发电装置或电动汽车向电网供电获得供电收益,在系统负荷低谷电价较低时对电动汽车充电节省用电费用。

这有利于调动电力公司和用户参与电力需求侧管理的积极性:电力公司可以通过对不同用户指定不同电价政策来引导用户改变其用电方式,达到移峰填谷,减少网损,减少煤耗,减少备用负荷,减少发输电设备投资等效益,用户也可以通过改变自身用电方式来获得节省用电费用甚至是获得电力公司用电奖励等收益。

(四) 合理的分布式电源上网

随着风能发电、光伏发电、余热发电等分布式电源的大规模部署,针对其具有间歇性和随机性的特点,为了提高分布式电源的利用率及可靠性,电力公司可以借助智能电网中先进的传感与控制技术,利用电力需求侧管理引导用户改变用电方式来配合分布式电源的运行。同时在智能电网下,电力公司将可以对分布式电源上网电价政策进行合理灵活的管理。分布式电源例如风能发电、光伏发电、余热发电等将可以根据自身实际情况以及电网公司需要决定是否发电上网。

在智能电网下,由于可以更合理地安排发电上网,分布式电源将会获得全面发展,可以有效缓解目前的电煤紧张,减少高成本、高耗能、高污染的火电机组容量,达到节能减排、保护环境的目的。

三、源网荷友好互动系统下的电力需求侧管理结构

为了提高社会经济效益,实现资源的优化配置和可持续发展的目标,我们需要建立全新的电力需求侧管理结构。在进行电力需求侧管理构建时,除了传统的市场主体——发电商、电力市场和用户之外,我们特别加入分布式发电装置和分布式储能装置(将其与普通的负荷区分开来),该需求侧管理模型结构如图 8.1 所示。

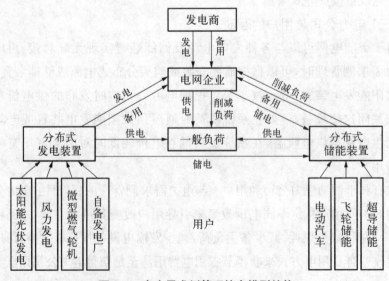

图 8.1 电力需求侧管理综合模型结构

如图 8.1 所示,发电商指的是传统的独立经营的电力生产企业,如火力发电厂、水力发电厂、核电站等,不包括分布式发电装置。分布式发电技术包括微型燃气轮机技术、燃料电池技术、太阳能光伏发电技术、生物质发电技术、风力发电技术、海洋能发电技术、地热发电技术等,以及自备发电厂,如自备背压式或抽气式热电厂、柴油机发电厂、余热和余压发电等;分布式储能装置包括电动汽车、超导储能、飞轮储能等。

发电商和分布式发电装置生产电能,发电商生产的电能全部销售给电网企业或作为备用,由电网企业统一调度分配给用户;而分布式发电装置生产的电能可以直接提供给用户,可以运用储能装置储电,也可以销售给电网企业或作为备用,但由于分布式发电装置的发电容量较小,因此将电量销售给电网企业或作为备用时仅仅是解决临近用户的用电问题,在局部地区分配,该电量并不传输到主网。在本章的需求侧管理中,分布式发电的接入对电网的影响主要通过负荷的变化来体现。

发电商和分布式储能装置都可以向电网企业提供备用容量,但这两种备用是有区别的。传统的备用方式,即向发电商购买备用容量,爬坡速度和投入电网所需时间比较慢,电网企业即使在没有用到备用容量时,也必须向发电商支付备用的费用,但这些备用容量的大小是不会变化的,可靠性较高。分布式储能装置提供的备用容量,其爬坡速度和投入电网所需时间比较快,电网企业没有用到备用容量时,不需要向储能装置的用户支付备用的费用,但由于用户随时可能使用这些储能装置,因此该备用容量的大小是时刻在变化的,而且这也取决于储能装置用户的响应程度。

第二节　源网荷系统下的分布式电源

一、分布式电源的概念及特征分析

(一)分布式电源的概念分析

目前,分布式能源技术已经在发达国家得到了大力的推广应用,但对于分布式电源的概念并没有统一的国际定义,不同的国家、区域对于分布式电源都有着不同的理解与界定。

在国内,分布式能源具有较多的称谓,包括最初的"小型全能量系统""小型热电冷联产",到后来的"分散电源",以及"需求侧能源装置"等。一直到2004年的一次能源发展会议上被建议统称为"分布式能源"。国家能源局给出的定义是:利用小型设备向用户提供能源供应的新的能源利用方式。

在国外,国际能源署将其定义为服务于当地用户或当地电网的发电站,包括内燃机、小型或微型燃气轮机,以及能够进行能量控制及需求侧管理的能源综合利用系统。

综合各国关于分布式电源的界定,其区别于集中式电源的方面为其小型的、模块化的、包含供用电双侧技术以及与用户的接近程度更大。

(二) 基本特征分析

1. 直接供电

分布式电源最本质的特征是直接向用户供电,使得分散式能源资源能够就近利用,实现了电能的就地消纳。

2. 装机规模小

分布式电源装机规模通常在10 MW及以下,包括美国、法国在内的多个国家对分布式电源接入容量进行限制(10 MW左右),仅有两个国家容量为100 MW级,但从实际并网情况来看,66 kV电压等级的大容量分布式电源所占比例极少。

3. 接入中低压配电网

中低压配电网在各国的定义存在差异,具体的接入电压等级有所不同,通常为10(35) kV及以下,包括德国、法国等几个国家对分布式电源接入电压等级进行限制(中低压配电网),英国所允许的66 kV电压等级也仍属于中压配电网范围。

4. 发电类型多为高能效天然气多联供、可再生能源发电以及资源综合利用发电

发电类型主要包括风能、太阳能、生物质能、潮沙能、海洋能等可再生能源发电,余热、余压以及废气利用发电等资源综合利用发电,以及小型天然气冷热电多联供等。

二、源网荷系统下分布式电源的内涵

分布式电源作为一种全新的电源发展形式,具有较强的可持续性,具有较高

的清洁发展利用能力。近年来,全球能源需求总量不断上涨,尤其以我国为主的发展中国家在社会生产力水平不断提升的大环境下,用电需求总量不断提高,社会生产生活对于电力能源的依赖性越来越强,对全社会能源生产供应可持续发展带来了极大的挑战。

从中长期电力需求增长分析,未来我国经济仍将保持较快的增长速度,社会生产力水平仍将不断提高,城市化进程将得到有效提升,社会用电负荷需求总量将保持一定的增长速度。然而,电力生产供应与环境发展之间的矛盾问题日益突出,我国传统火力发电得到了有效控制,以分布式电源为主的清洁能源具有较强的灵活性,能够带来清洁、高效的电力供应。因此,为了更好地保障我国电力生产供应的中长期发展需求,有效缓解电力生产供应与环境发展之间的协调关系,应该充分发挥和利用分布式电源,强化分布式电源管理体系建设。

从短期电力负荷需求增长分析,大中型城市用电高峰负荷持续上涨,供电安全保障能力受到极大挑战。分布式电源作为一种互动、灵活的能源种类,能够实现一定范围内用户自发自用,并将多余电力供应到电力系统中,为缓解短期电力负荷需求的增长带来很好的支撑。分布式电源将用户与电力生产、输配环节有效衔接,转变了传统的电力生产供应关系,有助于推动我国电力市场化进程的发展,提高系统的电力生产供应效率,增强用户与电网、用户与发电市场之间的互动性。因此,在源网荷友好互动系统发展的宏观环境下,基于电力负荷需求增长的内在要求,深化分布式电源发展能够有效推动电力供应可持续发展能力提升。

第三节　源网荷系统下分布式电源入网

一、我国分布式电源发展中的核心问题分析

(一)配电网对分布式电源的接纳能力

分布式电源大量接入使得配电网形成双向潮流,带来一系列新的技术问题,包括非计划孤岛问题、电压分布问题、继电保护问题以及电能质量问题。配电网对分布式电源接纳能力的科学计算问题受到高度重视,它直接影响着分布式电源发展规划及配套支撑性电网规划,因此,仍需不断创新研究方法及管理手段。

（二）资源条件与技术水平

关于天然气分布式电源,充足的气源供应和发达的管网设施是其重要基础,而我国天然气资源供应存在较大的不确定性,管网设施密度和网络化程度均较低,在短时间内,天然气资源供应和管网设施条件无法满足天然气分布式电源大规模发展要求,仅仅是上海、北京、广州等沿海及内地经济发达的大城市有一定的条件满足要求。

关于分布式电源大规模发展,提高相关技术装备自主制造能力从而降低分布式电源投资成本是必要条件。我国光伏和分散式风电技术装备水平处于世界水平前列,已具备较为完整的产业链条,具有充足的生产制造能力。但天然气分布式电源相关技术装备与国际先进水平之间仍存在较大差距,天然气分布式发电项目采用的动力设备以国外产品为主。近几年,我国加大了对燃气轮机研发制造的投入,取得了较大进展,但总体来看,我国还没有建立起完善的燃气轮机研制和生产体系,产品自主研发处于起步阶段,缺乏成熟的、具备市场竞争力的产品。

（三）并网运行管理

在分布式电源的快速发展中,并网管理要求建立快速适宜的、适应分布式电源建设快、投入小等特点的并网管理流程。但是由于分布式电源的接入对电网产生一定的不利影响,导致分布式电源目前存在着较大的并网困难问题。因此,需要加强电网建设,建立严格的并网技术标准,确保电网和分布式电网安全运行。

（四）经济激励政策与社会承受能力

1. 经济性问题

分布式电源的经济性问题涉及两个方面:分布式电源发电成本和分布式电源并网成本。

分布式电源发电成本主要考虑分布式风电、光伏发电以及天然气的成本问题。其中,依据目前风能资源、建设条件以及风电机组、风电运行管理等技术水平,分布式风电发电的开发成本在 0.4～0.6 元/kWh 之间,各省度电成本价格趋势基本符合风电标杆电价水平;目前分布式光伏发电成本基本在 0.7～1.2 元/kWh 之间,在光照充足地区的发电成本在 0.7～0.9 元/kWh 之间;对于天然气分布式发电,按照总投资成本 12 000～20 000 元/kW,全年运行 3 000～

4 000 h,运作 20 年进行测算,成本基本控制在 0.8 元/ kWh。

分布式电源并网成本主要考虑接网成本、电网改造成本以及其他费用三方面,其中,接网成本分为用户侧和电网侧,目的是为了满足电网安全运行和用户供电可靠性的需要,在公共连接点靠用户侧(电源侧)所需要安装的设备,其影响因素包括技术类型、接入电压等级、接入方式以及并网方式等;电网改造成本是在分布式供电系统渗透率超过配电网接纳能力时,为保证电网安全运行及用户供电可靠性而产生的成本,包括线路和变压器的升级和保护装置的变换等;其他费用主要指运行维护费用以及接入系统方案设计、评审费用等。运行维护费用包括项目本体和并网工程的运维费用,其中项目本体的运维费用包括燃料费用、人员工资福利等运行和维护费用,并网工程的运维费用包括系统备用费用和并网工程运行维护成本。

2. 社会承受能力

分布式电源的较快发展需要较强的财政支付能力及用户电价承受能力、需要在发展成本与发展目标之间寻求最优平衡、需要整个社会付出巨大的成本(来自于电价补贴的需求)与努力、需要在上调电价附加的同时考虑其终端销售电价的上涨以及终端用户的承受能力。

(五) 分布式电源商业模式

分布式电源由于与用户紧密结合,投资门槛低,投资主体更加分散,商业模式也更加多元化。目前主流的商业模式包括用户自建自营模式和第三方建设运营模式。用户自建自营模式通常选择高峰时段发电,低谷时段购电来实现利益最大化;第三方建设运营模式的实质就是以减少的能源费用来支付节能项目全部成本的节能投资方式。

二、影响配电网接纳分布式电源的原因分析

分布式电源大量接入将形成配电网双向潮流,给配电网带来一系列新的技术问题。这些问题如下:

(一) 非计划孤岛问题

分布式电源接入使得无源配电网成为有源配电网,当电网检修或故障时,分布式电源继续向负荷供电,导致部分线路带电运行,给电网检修人员和电力用户带来安全风险。

（二）电压分布问题

分布式电源接入配电网将引起电压分布变化,但分布式电源的投入、退出时间以及有功无功功率输出又难以准确预测,且实时监测技术复杂、成本高,使得配电网线路电压调整控制十分困难。

（三）继电保护问题

一方面,增加控制协调难度,分布式电源并网会改变配电网原来故障时短路电流水平并影响电压与短路电流的分布,对继电保护系统带来影响:引起保护拒动和误动、影响重合闸和备用电源自投成功率。另一方面,对设备容量提出更高要求,直接并网的发电机会增加配电网的短路电流水平,提高了对配电网断路器遮断容量的要求。

（四）电能质量问题

受风速和光照资源影响,风电、光伏发电输出功率具有随机性,易造成电网电压波动和闪变。通过逆变器并网的分布式电源,不可避免地会向电网注入谐波电流,导致电压波形出现畸变。大量单相光伏发电系统接入可能导致三相电流不平衡。无隔离的逆变器并网易导致直流分量。

大规模分布式电源接入将增大发生非计划孤岛、线路电压升高和系统保护误动的概率,对电网安全运行和可靠供电产生较大影响。美国、德国等分布式电源发展较快的国家普遍认同,就特定的配电台区而言,在现有电网不进行较大改造和分布式电源不出现限出力的前提下,分布式电源存在接入容量上限,具体和分布式电源技术类型、并网运行方式、电网结构参数、用户负荷特性等多方面因素有关。大量典型案例研究结果表明,分布式电源接入容量上限可根据配电网负荷进行简单判断,通常不超过配电网最小负荷。

三、基于需求侧影响的分布式电源发展建议分析

我国的电力工业正处在快速发展的时期,电力供应体系包含三类主体,即跨区域输电、集中式供电以及分布式供电。按照目前我国社会经济和电力工业发展状况以及能源资源分布状况,大规模集中式供电和跨区域远距离输电仍是现阶段电力工业发展的重点,分布式电源在电力系统中处于辅助地位。

基于电力负荷需求增长分析,分布式电源的发展增强了电力需求侧与电力生产输送体系的灵活互动与综合响应能力,用户成为分布式电源投资建设的主

体,以及整个生产消费体系中重要的管理主体,因此,分布式电源的发展建设与需求侧管理发展密不可分;同时,随着分布式电源的发展建设,为缓解需求侧日益增长的电力负荷需求压力、解决能源供需可持续发展的内在矛盾问题提供了平台,因此,分布式电源的发展成为电力需求侧管理体系发展的重要支撑与参考借鉴;分布式电源的发展与电力需求侧管理呈现了较好的互动影响,推动了我国电力产业的科学、可持续发展,因此,应该全面深化我国分布式电源发展建议分析,优化管理模式。

(一) 我国分布式电源合理发展定位建议分析

分布式电源作为新型的电力供应方式,正处在快速发展时期。结合我国能源分布及用电现状将分布式电源未来发展定位归结如下:

1. 解决边远地区供电问题

我国具有鲜明的地域特征,且经济发展极不平衡。对于偏远落后的西部地区,若完全依靠大规模集中式发电解决用电问题,不仅投资大而且耗时长。分布式电源则可以挖掘西部地区在可再生能源方面的优势,短期内以最小的经济代价解决其用电问题。

2. 实现能源综合梯级利用

随着用户对于冷、热、电负荷需求的普遍化,单一且能耗极高的电力已无法满足,而分布式供电则以其规模小、灵活度高等优势,通过自身整合作用在满足用户电力需求的同时实现了能源的梯级综合利用,并且解决了冷能和热能远距离传输的难题。

3. 弥补大电网在安全稳定性方面的不足

经济的飞速发展使得集中式发电规模迅速扩张,引发一系列电网安全性问题。因此,合理调整供电结构,将分布式供电与集中式供电有效结合,能够使得电力系统更加安全稳定。同时,分布式供电也因其接近用户负荷的特征,很好地配合了大电网的可靠运行,在电网发生技术故障与自然灾害的情况下维持重要用户的持续供电。

(二) 我国分布式电源合理发展模式建议分析

我国城乡发展呈现二元结构特点,城乡资源的开发条件以及能源需求都具有很大的差异,同时,城乡不同的电力用户包括居民、商业以及工业三方都具有不同的用电方式。因此,根据不同地区及不同用户两种分类方式探索分布式电源的发展模式。

1. 城乡发展模式

(1) 城市地区发展冷热电联供、建筑光伏发电等分布式能源,提高能源综合利用效率。我国能源消费主要集中在城市地区,其中工业能源消费所占比重高,但随着工业结构的不断调整以及城市化进程加快,商业和居民消费需求不断上升。发展清洁环保的分布式电源,满足商业和居民用户的多元化消费需求,可以提高城市地区能源综合利用效率,实现节能减排。另外,我国多数城镇地区的商业大楼、工厂、住宅等,都对冷、热、电存在需求,为冷热电联供提供广阔的市场。

(2) 偏远地区发展小水电、风电等分布式电源,解决电力供应问题。我国部分农村、孤岛等偏远地区技术经济相对落后,大规模集中式供配电网难以覆盖。分布式电源的开发和利用弥补了这一局限性,利用这类地区丰富的水能、风能、太阳能和生物质能等分布式能源解决其电力供应问题。

2. 各类用户发展模式

用户主要发展模式如表 8.1 所示:

表 8.1 用户发展模式

用户类型	城 镇 地 区	偏 远 地 区
民 用	1. 民用屋顶太阳能光伏发电	1. 民用屋顶太阳能发电
	2. 民用微型燃气热电联产	
	3. 住宅区光伏发电	
	4. 住宅区用热点联产	2. 小型风电
	5. 住宅区用太阳能发电	
	6. 住宅区用燃料电池	
商 业	1. 商业用微型热电联产(内燃机、微型燃气轮机、燃料电池)	微型热电联产(内燃机、微型燃气轮机、燃料电池)
	2. 办公大楼、商业设施用热电联产,同上	
	3. 太阳能设备发电	
工 业	1. 工业设备用热电联产(内燃机、燃气轮机)	1. 木质生物质能发电/热电联产
	2. 垃圾发电	2. 家畜粪便沼气发电产
		3. 稻草、稻谷壳发电

第四节 源网荷系统下的电动汽车入网

一、电动汽车入网(V2G)

现在的电网实际上效率并不是非常高,因为一是成本较高,再就是容易造成浪费。其中一部分问题是由每天发生的负荷需求波动和需要对电网进行电压及频率调节引起的。当电网需求超过基本负荷发电厂的容量时,由于电网本身并没有足够的电能存储,调峰电厂就会投入运行,有时候旋转备用也会参与其中。而当电网需求较低时,用电量会低于基本负荷发电厂的输出,这样那些未被使用的能量均会被浪费掉。此外,对电网进行的电压和频率调节在很大程度上增加了电网的运营成本。目前,可再生能源系统(如太阳能,风能等)正被大量接入电力系统中。由于可再生能源自然的不连续性会引起发电的波动,迫切需要其他能源(如电池能量存储系统)进行补偿,以平滑可再生能源的自然可变性,保证电网频率的稳定并抑制由反向功率流引起的电压上升。

V2G 的核心思想就是将大规模电动汽车的储能电池集中起来,为电网和可再生能源提供能量缓冲,能量是可以双向流动的,当电网处于负荷高峰时,电动汽车可以向电网回馈电能,而当电网处于负荷低谷时,电动汽车可以吸收电能对电池充电,从而达到对电网负荷"调峰填谷"的目的,使电网能够更加经济地运行。通过这种方式,电动汽车用户可以在电价低时,从电网买电,电网电价高时向电网售电,从而获得一定的收益。

电动汽车具有多样性的特点,种类繁多、用途各异,同时停车地点、供电方式也不相同,这就决定了 V2G 具有不同的实现方式。根据应用对象的不同,可以将 V2G 实现方式分成四类。

(一) 集群式的 V2G 实现方法

所谓集群式 V2G,是指将某一区域内停放的电动汽车聚集在一起,可以是实际的停车场,也可以是虚拟的聚合体(Aggregator),按照电网的需求对此区域内电动汽车的能量进行统一的调度,并由特定的管理策略来控制每台电动汽车的充放电过程,由于采用统一的调度和集中的管理,可以实现整体上的最优,例如通过一定的算法可以计算每台电动汽车的最优充放电策略,保证成本最低及电力最优利用。此外,它可以将 V2G 充电机建成地面设备,这样能够节约用户成本。

对于集中式的 V2G,可以将智能充电器建在地面上,这样能够节约电动汽车的成本。同时,由于此种方式采用统一的调度和集中的管理,可以实现整体上的最优,例如通过先进的算法可以计算每台汽车的最优充电策略,保证成本最低及电力最优利用。

(二) 自治式的 V2G 实现方法

自治式 V2G 的电动汽车经常散落在各处,无法进行集中管理,因而一般采用车载式的智能充电器。它们可以根据电网发布的有、无功需求和价格等信息,或者根据电网输出接口的电气特征(如电压波动、频率波动等),结合汽车自身的状态(如电池 SOC)自动实现 V2G 运行。日本东京大学的 Yutaka Ota 等人就是采用这种方法,他们提出一种自主分布 V2G 方法,实现了能量的智能存储。

自治式 V2G 一般采用车载的充电机,充电方便,易于使用,不受地点和空间的限制,可以不受外界控制自动地实现 V2G。但是,每一台电动车都作为一个独立的结点分散在各处,由于不受统一的管理,每台电动车的充放电具有很大的随机性,是否能够保证区域内整体上的最优还需进一步研究。

(三) 基于微网的 V2G 实现方法

按照美国电气可靠性技术解决方案联合会(CERTS)的定义,微网是一种由负荷和微型电源共同组成的系统,它可同时提供电能和热量;微网内部电源主要由电力电子器件负责能量的转换,并提供必需的控制;微网相对于外部大电网表现为单一的受控单元,并可同时满足用户对电能质量和供电安全等的要求。

基于微网的 V2G 实现方法,实际上是将电动汽车的储能设备集成到微网中,它与前边两种实现方法的区别在于,这种 V2G 方法作用的直接对象不是大电网,而是微网。它直接为微网服务,为微网内的分布电源提供支持,并为相关负载供电。

新西兰奥克兰大学的 Udaya K. Madawala 等人将电动汽车集成到家庭住宅供电网络中,该网络包括风能、太阳能等分布式发电,并与外部大电网相连接。它能利用电动汽车支持可再生能源并向家庭和商业用户供电。

（四）基于更换电池组的 V2G 实现方法

基于更换电池组的 V2G 实现方法，源于更换电池组的电动汽车供电模式。它需要建立专门的电池更换站，在更换站中存有大量的储能电池，因而也可以考虑将这些电池连到电网上，利用电池组实现 V2G。这种方法的原理类似于集中式 V2G，但是管理策略上会有所不同，因为电池最终是要用来更换的，所以必须确保一定比例的电池电量是满的。它融合了常规充电与快速充电的优点，在某种意义上极大地弥补了电动汽车续驶里程不足的缺陷，但是它迫切需要统一电池及充电接口等部件的标准。

二、电动汽车与电网互动的层次与目标

电动汽车作为分布式储能单元，可以通过调节其充电甚至放电过程参加电网的优化运行。Kempton 早在 1997 年就提出了 V2G 概念，并进一步对其经济性进行了定量评估。对于通过 V2G 优化电网运行的层级，可分为大电网层协调、配电网层协调和微电网层协调这三个层次，以下将分别就这三个层级各自的优化目标和控制架构进行讨论。

（一）电动汽车与大电网的互动

电动汽车可为大电网提供多种类型的服务，这些服务主要包括提供调频、备用服务，参与系统削峰填谷与新能源发电联合运行等。在调频方面，电动汽车通过本地测量的频率信号，自主决策充放电功率以响应频率信号，为系统提供一次调频服务。利用电动汽车用户充电需求的自适应下垂频率控制方法针对两区域的互联电力系统进行了仿真，结果表明电动汽车参与系统一次调频，可有效平抑系统的频率波动。在提供备用方面，有电动汽车充电站不同接入地点情况下充当备用电源的可能性和电动汽车提供备用以最小化电网运行成本的控制策略。在削峰填谷方面，在电动汽车互动策略中充分考虑了电动汽车负荷的随机性，可以采用遗传算法、粒子群算法等智能算法实现电动汽车参与电力负荷削峰填谷。

当电动汽车大规模接入的情景下，仅依赖本地的分散控制协调，难以实现全系统电动汽车的整体协调，传统集中式的大电网协调控制模式，通过收集管辖范围内发电机组、网络和电动汽车等负荷信息，集中进行优化，虽能够实现资源的全局协调，但该种控制架构的计算规模和通信需求会随着电动汽车规模的变大

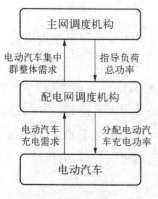

图 8.2　大规模电动汽车
分层协调架构

而显著增加,这使得该类方法很难适用于数量巨大、分布广泛的电动汽车的在线协调。为有效解决这个问题,在大电网层面适用于大规模电动汽车参与削峰填谷的分层协调架构。该类架构如图 8.2 所示,包含两层或两层以上的控制单元,通过在上层控制单元协调时仅考虑下层控制单元管辖范围内电动汽车的整体特性,决策其整体用电功率,再由下层控制单元分配用电功率给再下一级控制单元的方式来降低计算规模和通信数据量,从而实现大规模电动汽车的协调。该分层式控制架构对于大规模电动汽车为大电网提供备用和二次调频服务同样适用。需要注意的是,该类控制架构的实现依赖于大电网的运营主体能够控制电动汽车的充电功率。随着第三方电动汽车充放电设施运营主体的参与,大电网运营主体可通过合约的方式在保证电动汽车用户充电需求的前提下,获得电动汽车充放电功率的控制权。此外,可以通过动态电价等其他间接手段影响电动汽车用户的充放电行为。

在电力市场环境下,电动汽车充电功率并不能由大电网调度部门控制,在配电网层面将会出现集中商(Aggregator)集合电动汽车充电负荷这类灵活资源。集中商将代表电动汽车集群参与日前和实时阶段的电能和辅助服务市场。通过市场价格信号的引导,同样可实现电动汽车与电网的有效互动。目前对于集中商的最优投标和电动汽车充放电决策问题绝大多数采用了集中式控制架构。可以预计,当集中商协调的电动汽车规模足够大时,这类集中式控制架构要求集中商具备较高的计算和通信能力。为有效降低计算规模,可采用类似上文提到的分层式协调架构。通过在上层投标决策时仅考虑电动汽车充放电的整体特性,在下层通过协调电动汽车个体充放电功率以跟随投标决策的方式来实现大规模电动汽车的协调。

（二）电动汽车与配电网和微电网的互动

随着配电网和微电网中大量分布式发电系统的接入,电动汽车作为一种重要的分布式储能资源,可有效平抑分布式新能源出力的波动并参与配电网或微电网的优化运行。在配电网与微电网层级,由于需要协调的电动汽车的规模相对较小,可较为方便地采用单层的集中式协调架构实现电动汽车与配电网或微电网的协调运行,如图 8.3 所示。

　　建立协调配电网多辆电动汽车的充电功率的集中优化模型以降低配电网运行的网损。基于灵敏度分析的方法,这种优化模型以降低配电网网损为目标,去研究电动汽车充电地点的优化问题。在提出了电动汽车在主动配电网中,通过调节充放电功率协调新能源出力的控制策略。

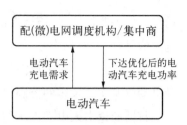

图 8.3　配电网/微电网电动汽车集中式协调架构

通过粒子群算法、禁忌搜索等智能算法求解微电网内电动汽车与新能源的协调优化问题。考虑到配电网中用户隐私等因素,还需要研究探讨配电网/微电网中电动汽车的分布式协调方式。在该种控制模式下,由各电动汽车本地自主决策最优充电功率,其全局的协调则需要通过各电动汽车之间的相互通信或者集中商动态更新电价等方式来实现。这类方式虽然相较于集中式控制方式有效地降低了计算规模,但该类控制方式为达到全局的最优一般需要反复地迭代求解,较难适用于在线应用的场景。

三、电动汽车与电网互动的控制策略

　　按控制方法的不同,电动汽车与电网互动策略可分为集中式控制、分布式控制、分层控制这三类。

(一) 集中式控制

　　集中式控制是指在一个控制中心汇总各电动汽车的信息,由控制中心集中决策各电动汽车的充放电计划,并下达给各电动汽车的控制方法。充电站内电动汽车有序充电策略,各电动汽车在各个时段充电的启停状态、充放电功率由充电站的控制系统集中决策;以降低配电网网损为目标的电动汽车互动控制策略,由对应配电网区域的集中商/控制中心集中决策。

　　集中式控制的优点在于其控制思路简单清晰,策略易实现;缺点在于所有电动汽车信息的存储与优化计算都在控制中心完成,在电动汽车大规模接入的情况下,可能会给控制中心带来较大的存储与计算负担,当优化问题非凸或优化变量含有整数变量时,求解时间较长甚至难以求得最优解。

(二) 分布式控制

　　分布式控制是指电动汽车的充放电计划在本地进行决策的控制方法,各电

动汽车根据调控信号(该调控信号可以是价格信号、调频信号、本地量测的电压/电流信号,或者控制中心/集中商发布的其他控制信号),制订充放电计划。多数情况下,控制中心/集中商需根据电动汽车反馈的充放电计划修正控制信号,引导电动汽车实现预定的控制目标。

将博弈论引入电动汽车与电网的互动策略研究中,研究多个电动汽车充电达到纳什均衡状态下的分布式控制策略。分布式控制方法需要一个控制中心向各电动汽车广播控制信号,控制中心与各电动汽车之间需要双向通信,通过信息交互(在交互过程中往往需要进行迭代),实现控制目标。其基本思路是将原优化问题分解为各个电动汽车在已知控制信号的前提下的本地优化问题以及控制信号的迭代更新问题,需保证分解后问题的解仍可收敛至原问题的解,在设计算法的过程中往往运用了分布式计算的相关理论,例如对偶分解算法、ADMM (Alternating Direction Method of Multipliers)算法等。

以频率作为控制信号,各电动汽车进行本地决策,为电力系统提供调频的辅助服务。也可以让电动汽车根据自身以及附近电动汽车的信息进行决策的分布式控制。各电动汽车通过采集本地/临近区域的信息(例如本地的频率、电压等信息),进行本地决策,控制信号为单向,不存在与控制中心之间的双向通信。

利用分时电价引导电动汽车有序充电,价格信号激励电动汽车与电网互动,实现电网的控制目标。基于价格引导的手段,可以看作一种特殊的电动汽车分布式控制方法。电价作为控制信号,各电动汽车根据价格信号,以最小化充电费用为目标,进行本地决策。电网公司可通过调整电价间接影响电动汽车的充放电策略。

总体而言,分布式控制适用于解决大规模分散电动汽车的优化控制问题,可将计算量分散至各电动汽车,减轻控制中心的计算负担,减少计算时间;另外,当设计的分布式控制策略中各电动汽车通过量测本地信息(频率、电压、电流等信息)进行决策时,可有效减少通信成本,特别适用于通信难以实现或成本较高的场合。

(三) 分层控制

分层控制是解决大规模 V2G 问题的另一种思路。将大规模的电动汽车群体分解为多个较小的电动汽车群体,各个小群体交由集中商/控制中心进行控制,实现小群体电动汽车的有序充放电,顶层控制则关注多个电动汽车群体之间的协调配合。通过分层控制,将大规模电动汽车互动控制问题转化为规模较小的电动汽车互动控制问题以及多个集中商/控制中心之间的协调优化问题,降低了优化问题的规模和求解难度。各集中商/控制中心只需关注所辖电动汽车群体与电网的互动策略。例如考虑充电站内、各充电站间的电动汽车有序充电或是考虑站内、市内、省内电动汽车有序充电。

第五节　电动汽车与电网交互的应用价值

电动汽车与电力系统之间存在巨大的协同能力,随着电动汽车与电网互动技术不断成熟,电动汽车可作为分散式的储能设施,从而大幅提升电力系统储能能力。另一方面,电动汽车参与储能也为可再生能源并网带来巨大空间,从而解决电动汽车全生命周期排放问题。此外,电动汽车接入电网后将对电动汽车用户、电网、发电企业等各利益相关方带来不同价值,而充放电价格是引导价值在各利益相关方之间合理分配的重要手段。然而,当前社会各界对电动汽车的系统价值的认识仍较为有限,加之各地充电价格政策各异、价格政策执行不到位等问题,无法充分引导电动汽车释放其系统应用价值。因此,研究电动汽车与电网交互的应用价值是十分必要的。

V2G 作为一种构建电动汽车与智能电网之间互动关系的技术,具有重要的社会价值和深远的战略意义。首先,电动汽车使用的规模化,能够直接降低汽车使用周期内的 CO_2 以及其他污染物排放,有效缓解目前城市空气污染问题;其次,通过 V2G 技术能够整合可再生能源,平衡电网峰谷负荷与空载,从而提高能源使用效率;最后,V2G 技术还能够让电动汽车通过调峰而获取可观的经济效益。

一、扩大电动汽车规模,促进 CO_2 减排

传统汽车碳排放是人类碳排放的主要来源之一。据科学家的测算,全球汽车每年向大气层排放的 CO_2 约为 40 多亿吨,占人类碳排放总量的 20%,已经超过了工业领域的排放量,而以电力驱动的电动汽车则是实现交通低碳化的关键技术之一。

推广电动汽车、实现交通部门电力化可显著降低交通部门能耗水平及汽车尾气排放。本节参考南方电网与东北电网电源结构,以比亚迪 E6 纯电动汽车作为基准车型,分析对比了在深圳和哈尔滨运行电动汽车和内燃机汽车的生命周期综合能耗及尾气排放。从分析结果看,我国电动汽车节能减排效果显著,相比燃油汽车,电动汽车可以降低约 30% 综合能耗,20% 温室气体排放以及近40% 可吸入颗粒物及有毒气体排放(见表 8.2)。

表 8.2 　　　　　　　　　　　单车生命周期环境影响比较

	车　型	能耗(toe)	温室气体 (gCO_2e)	PM2.5(g)	NO_X(g)
全　国	燃油汽车	30	98	1 952	26 583
	煤制油汽车	39	127	2 011	28 742
南方电网	电动汽车	18	63	1 098	14 324
东北电网	电动汽车	22	90	1 294	15 436
全国电网	电动汽车	20	80	1 191	14 723

二、整合可再生能源,实现电力来源清洁、多元化

我国的能源消耗以煤炭为主,"高能耗、高污染、高排放",天然气、一次电力及其他清洁能源的消费总量总体占比常年低于 17%,导致中国的 CO_2 排放量持续上升。2007 年中国超越美国成为世界 CO_2 排放第一大国,2013 年中国 CO_2 排放量超过美国和欧盟 CO_2 排放量之和,占全球 CO_2 排放总量近 30%,2016 年中国煤炭消费量占能源消费总量的 62%。在电力生产方面,我国目前也主要以火力发电为主,电力部门的 CO_2 排放问题异常严重。随着能源消耗的逐步加快,只有大力发展可再生能源,才能满足未来经济发展对能源的需求。但是,可再生能源资源分散、存储困难,以新能源和可再生能源为主的小型发电装置,如光伏发电、风力发电等,往往具有功率输出的随机性和波动性的特点。以风电为例,截至 2016 年底,风电装机占全国总装机 3/4 的 11 个省份的弃风总量高达497 亿 kWh,足以满足整个北京地区半年的用电需求。传统的解决方法是采取限制、隔离来处理分布式电源。然而,随着新能源的急速扩张,电网所面临的"瓶颈"日益显现出来。V2G 的一项重要功能是帮助可再生能源导入电网,将分散

的、暂时不用的可再生能源收集在车载电池上,等电网又需要时再整体返销出去。2009 年 3 月,素有"风车王国"之称的丹麦在博恩霍尔姆岛创建了智能电网的验证项目,将岛上每个家庭的电动汽车作为一个个终端接入电网,作为家庭储电设备使用。在风力强、风电发电能力超过日常用电需要时,电动汽车作为储电设备存储一部分电力;而在风力弱、发电能力满足不了用电需要时,电动汽车就作为供电设备使用,成为风力发电的补偿。目前丹麦全国风力发电已经占总电力的 20%。可见,V2G 技术对可再生能源的整合应用,为清洁的可再生能源的充分利用创造了条件,也使电力来源更加多元化,对能源结构的低碳化产生积极的作用。

三、平衡电网峰谷负荷,提高电网稳定、高效性

近年来,随着社会用电量的急剧增加,全国累计发电装机容量也逐年上升。与此同时,城市电网也面临着日益严重的峰谷差问题,北京和上海等城市的峰谷差率就已经高达 40%~50%。一方面,由于大城市用电高峰持续增长,迫使电力企业不断新建发电机组,以满足用电高峰的需求;另一方面,夜间的用电低谷则会导致大量谷电的浪费,而电力企业的各种调峰填谷技术方案也往往面临着能源效率低、设备损耗大或投资额高等问题。例如,抽水蓄能电站,能源效率仅有 70%左右,而且对地理位置要求较高;而蓄能效率较高的电池蓄能电站不仅技术尚未完全成熟,且投资规模巨大。

V2G 技术能在用户和电网之间搭建实时信息交流的平台,通过让电动汽车参与削峰填谷的方式来提高电网的效率。在用电高峰、供电紧张的白天,电动汽车可作为良好的分布式调峰设备,集体为电网供应蓄电池内的余电,代替调峰电厂起到平衡电网峰谷负荷的作用。同时,电动汽车不仅能够有效缓解用电高峰时电网的压力,避免产生输电阻塞、电力短缺等现象,还由于其更贴近用户,在能量转换后就可以进行高效利用,能有效避免远距离输电带来的输变电损失和输热损失,综合利用率可高达 75%~90%。而在用电低谷、供电充足的夜间,电动汽车就可以选择充电模式,集体存储电能,解决传统电网所面临的电能空耗的现象。以广东省为例,电网在夏季的平均峰谷负荷可达 2 000 万 kW 以上,谷电就能满足 600 万辆电动车夜间充电的需求。通过 V2G 技术的应用,不仅能平衡电网峰谷负荷,还能使发电厂所供应的电能得到充分利用,从而提高电网稳定性和

高效性。

四、利用最优充放电模式,获取经济效益

V2G 的最优充电状态是在用电波谷时段充电,在用电波峰时段返销给电网,通过峰谷价差,获得经济效益,这也是 V2G 技术最为吸引人眼球的地方。根据美国特拉华大学的一项研究,美国人每天平均行驶 35 英里的车程,一辆汽车将被车主使用 10 年,总共将行驶 127 750 英里的路程。首先,汽车成本核算。在美国,花 39 000 美元可以把普通车辆改装成 V2G 电动汽车,或者可以选择以首付为 9 000 美元,利率为 6%,84 个月付清的方式购买全新的 V2G 电动汽车。该研究通过对汽油动力汽车(非插入式)、混合动力汽车以及 eBox 电动汽车的比较得出,电动汽车的整体运营成本比汽油动力汽车要低 40%。其次,汽车收益核算。美国上班族的汽车处在停泊状态的时间平均是 22 h,这为电动汽车参与调峰提供了充足的时间条件。根据美国 PJM 公司 2008 年 9 月 15 日当天的电动汽车参与电网调控服务的净收益记录,平均每小时每兆瓦净收益为 49.87 美元,聚合器服务费用大约为调控收入的 1/3,V2G 电池功率为 20 kW,50 辆电动车相当于 1 MW,计算可得,每辆车每小时 V2G 收入为 0.67 美元[49.87×(1 - 1/3)/50]。通过 10 年的运行,电动汽车可以获得的总收入为 53 801 美元(0.67×22×365×10)。

通过成本—效益分析比较可得,在汽车维护和行驶成本方面,电动汽车要比汽油动力汽车相对低 40%左右。如果将 V2G 模式的净收益也考虑进去,那么电动汽车的优势就更加明显,如表 8.3。正如美国学者 Leonard J. Beck 所说:"实质上,从 V2G 调控服务上取得的收入就可以支付车辆的一切款项。因此,买方不仅无需付费就可以获得全新的电动车,还可以享受无需维修以及低燃料价格的好处。"

表 8.3　　　　　各种类型汽车运行 10 年成本及收益比较　　　　单位:美元

	汽油动力汽车	混合动力汽车	电动汽车
汽车购置或改装价格	16 100	23 090	39 000
汽车运营成本	25 380	22 044	15 107

续　表

	汽油动力汽车	混合动力汽车	电动汽车
V2G 模式总收益	n/a	n/a	53 801
净开销	41 480	45 134	306

第六节　电动汽车与电网融合的商业模式

一、电动汽车与电网融合的商业模式归类

中国电动汽车商业化的最高目标是构建产业可持续发展的商业化平台。商业模式对中国创新电动汽车产业的可持续性发展影响巨大。目前发展电动汽车的重点在发展纯电动汽车,只有在纯电动汽车领域有所突破,才能实现真正意义上的电动汽车产业化。目前中国乃至全球关于电动汽车(特别是电动轿车)的商业模式有三种类型,它们分别是整车销售自充电模式、整车租赁模式以及电池租赁充换兼容模式。

(一)整车销售自充电模式

其构架为:整车企业捆绑电池销售,能源供给服务企业建设城市充电站和充电桩网络并负责运营。这种商业模式最早起源于西方人的构想,他们认为拥有车库的电动轿车用户,白天开车晚上回家充电就能够方便地、经济地完成能源补给工作。这种模式在西方"不差钱、不差政府支持、不差企业积极性"的条件下,历经 30 多年没有发展起来。主要原因是车辆价格高、充电时间太长使用不方便、电池性价比不高、电池保养维护难等问题无法解决,致使电动轿车产品不具有市场竞争力。在中国电动轿车发展早期,这种模式也曾被主流推广,经过一段时间的尝试后,中国人也发现"电池快充"技术方案行不通,主导此种模式的企业也开始了"电池租赁模式"的尝试。但是,倡导这种模式的企业联盟至今也没有构架起一个让产业链各个企业都能够盈利的平台。

(二)整车租赁模式

其构架分为三种方式:第一种是整车企业捆绑电池租赁,能源供给服务企业建设充电站和充电桩网络并负责运营;第二种是整车企业裸车租赁,能源供给服务企业租赁电池并负责建设充电站和充电桩网络和运营;第三种是在国家电

网确定了以"换电为主、插充为辅"并负责提供电池租赁服务的商业模式后出现的,即整车企业裸车租赁,能源供给企业提供电池租赁和充换电网络建设及服务。由于长期以来主流消费者的习惯都是买车而非租车,而且这个习惯在短期内无法改变,因此整车租赁模式并不是汽车企业发展的最终目标,也不是电动汽车产业可持续发展的终极方案。

(三)电池租赁充换兼容模式

其构架为:整车企业裸车销售,能源供给服务企业建设快换站和社区充电桩网络,并提供动力电池租赁和电池快换、充电和维护等综合服务。这是一个系统综合解决方案,核心思想是在现有的技术条件下帮助电动轿车形成市场竞争力。构架这个模式的基本方法是用一条线将用户和产业联盟分开,线的一边是用户,得到的是"价格便宜、加电与加油一样方便、百公里电费比百公里油费低"的电动轿车,用户不用考虑电池成本、电池维护、电池寿命和续航里程等问题,购买车辆后,终身享受"跑多远就交多少费"的待遇。线的另一边是产业联盟的各个企业,分别按照各自的商业法则提供高品质的产品和售后服务。也就是说,整车问题由整车企业负责解决,动力电池问题由电池企业和运营企业负责解决。各司其能,各负其责。这种模式是目前搭建中国电动轿车可持续发展平台的较好方式。

二、现行商业模式存在的问题

(一)内部构造问题——利益相关者难以合作

理论上,只要整车企业、电池企业、电力企业等各单位相互合作,电动汽车的换电模式是可以运行的。但是在实际操作过程中,换电站模式却很难推行。换电站能否形成商业模式,关键在于其参与者能否从中获利。在换电模式中,主要参与者包括国家电网、电动车厂商、电池厂商以及用户。然而换电模式却很难有效地将这些关键成员组织起来,主要原因可从电动车厂商、电池厂商以及用户等三方的角度来分析。

1. 电动车厂商很难参与换电模式

电动车厂商难以参与的原因是:第一,有利益问题,包括补贴、包括其他方面;第二,有整车控制因素,车用电脑,一系列的因素相关联;第三,车辆不断进步、升级问题,电池一旦被固化,升级就很困难。这三个问题不解决,整车厂很难参与进来。整车厂不参与进来,电力企业也很难有所为。

2. 电池厂商难以参与换电模式

电网做了换电方案以后,必然会形成高度垄断,数百家上千家电池企业很难进入它们的选购范围,电网有可能自己上电池厂,而其他电池厂根本无法进入,或只有极少数能够进来,准入的门槛将会很高。此外,电池也有较高成本,这个成本由谁承担也是个问题。不管是由运营公司、电网公司,或者其他的运营机构来承担,都需要承担较高风险,尤其是质量风险问题。电动车在换电池的时候,需要把整个成本都要折旧进去。

3. 用户问题难以解决

用户问题主要包括以下三个方面:① 换电池不方便,主要是具体的位置。一方面,换电站规模很大,造价也很高,在城市土地资源匮乏的情况下无法大量投资设点;另一方面电动汽车行驶里程较短,远距离设点很容易造成半路没电无法换电的情况,再加上换电还需要等待时间,消费者驾驶电动汽车会有很多不便。② 电池归租赁公司所有,电池本身的性能会有很大差别,有新的也有旧的。电池的折旧和损耗每天都会产生。一般电池容量下降到80%以下后就不能继续使用。由于100%和80%都只是一个随机的数字。消费者无法确切得知具体的数值,电池的容量很可能不是满的,充电后的行驶里程将会大打折扣。③ 剩余电量的核算问题。消费者不能保证行使到换电站的时候电量刚好用完,而换电的时候剩余电量不能折价回去,至少目前在技术上还不完备。从这几个角度看,电动汽车的换电模式也很难被消费者很快接受。

(二) 资源配置问题——城市电网面临较高风险

电网的分布和供电能力是充电服务网络建设和运营的基础,电动汽车充电作为新增的用电负荷,具有功率大、非线性的特点,工作时既会给电网增加较大功率的用电负荷,同时又会产生谐波电流和冲击电压,若不加以控制和引导,将使电网用电负荷大幅提高,出现谐波污染、加大电网峰谷差,使电网设备过载等,从而影响电网安全。因此,在电动汽车规模化集中的城市,低压配电设施将面临极大的压力,保障电网可靠运行将面临较大挑战。

快速充电设备的充电功率较大(为一辆轿车进行快速充电所需的充电功率高达60 kW)。由于用户的需求仅符合统计规律而无法被精确预测,因此对于快速充电模式,在一定的情况下会出现大用电负荷的集中加入或退出。这样的行为会对电网的稳定运行造成较大的影响。目前推广快速充电模式的运营商虽然都承认快速充电模式可能对电网造成冲击,但是还没有任何一家提出成型的解决方案甚至是解决思路。

电动汽车大规模发展后,充电需求将相当可观。例如,某城市的电动汽车保有量超过百万辆后,按每辆车充电功率约 3~4 kW 计,日最大充电负荷可达到 300 万~400 万 kW,相当于特大型城市夏季日最大负荷的 1/4 左右。结合我国城市配电网普遍负载率高、设备冗余不足的现状,必须通过配电网大规模改扩建才可满足电动汽车规模化发展的需要。电网的建设往往投入巨大,且需要占用大量土地、通道资源,考虑到目前发达地区电力通道资源已极其紧张,作为一类全新用电负荷,未来电动汽车规模化发展带来的城市配电网扩容改造问题不容小觑。

(三) 价值潜力问题——电池高额成本限制盈利空间

与传统汽车相比,纯电动车使用成本低已是公认的优势。但除了此项外,其他方面的成本却大幅上升。其中最主要的一个方面是电池成本过高导致整车价格远远超过了同等级别的燃油汽车。相关数据显示,对一辆纯电动汽车而言,电池的成本通常占到整车成本的 25% 左右。2012 年第一季度电动汽车电池平均价格年比下降 14%,现在电池组的每千瓦时成本为 689 美元,较上年的 800 美元/kWh 有所减少,而在 2009 年,电池组每千瓦时的成本一直高于 1 000 美元。如果每年电池成本价格以 7% 的幅度下跌,将直接降低电动汽车整车生产成本。但是仍难以预测电池成本下降是否会对电动汽车的价格立即产生影响,因为消费需求仍扮演着极其重要的角色,随着新技术的不断涌现,前车企的研发成本仍然相对很高。但产量、销售量以及电池价格的走低都将推动电动汽车价格稳步下降。

尽管如此,要使电动汽车的价格降到传统汽车的价格水平,并不是一朝一夕的事情。2011 年 9 月英国减碳车辆联合会研究报告指出,2025 年或 2030 年以前,即使在投资环境利好、配套设施更为完备的环境下,电动车与氢能源汽车的总花费也高于汽油和柴油车。目前英国政府提供的 5 000 英镑补助远远不足以让电动车更具优势,电动车的成本约 3 万英镑左右,比汽油和柴油汽车贵 1 倍,其运行成本(如燃料和保险)也比传统汽车高。

由于电动汽车电池成本过高,且短期内无法降低到使电动汽车比传统汽车更有优势的程度,电动汽车难以被广大的消费者接受,电动汽车企业也无法实现盈利。即使采取"车电分离"的运营模式,消费者只购买裸车,电池则采取"以租代购"的方式,也会因为电池成本高昂而导致租金过高最终不被消费者接受,除非政府提供足够的电池补贴,电池租赁单位自身是很难实现盈利的。

三、V2G 产业的价值创新路径

(一) 降低电动汽车售价,使之与同级别传统汽车价格持平

电动汽车与传统汽车相比最大的优势是日常使用费用低,传统汽车的平时维护保养费用基本上能够抵消电动汽车的充电费用,故电动汽车耗电费用与传统汽车加油费用相比基本可以忽略不计。因此最想购买电动汽车的人群主要是中低收入者。而这部分人群对于汽车的售价相当敏感,既便宜、使用费用又低的汽车是他们购车的首选,家中有充电条件的部分购车者在电动汽车的售价与同级别传统汽车售价接近时就会出手购买。一般来说,这部分购车群体所选传统汽车车型均为中、中低和低档车型,价格一般都在 15 万元以下,所以他们期望电动汽车的售价也应在 15 万元以下,且使用性能与同级别传统汽车差异不大。目前上市的新能源汽车的售价大多高出同级别传统汽车一倍以上,作为消费者,首先考虑初始购买价格太高,一次性投入太大,然后要计算与同级别传统汽车相比多久才能收回购车时多花出去的费用。因此,对目前已上市但价格高高在上的新能源汽车只能望而却步。当前,新能源汽车的售价是决定新能源汽车能否走向市场的最关键因素。

(二) 保证电动汽车的续航能力满足消费者需求

对于消费者来讲续航能力越长则越容易接受,但是续航能力的多少与电动汽车造价与使用成本密切相关,综合考虑,可以根据实际使用情况将续航能力分为三个档次,分别是 100 km、200 km 和 300 km。家用、公用与出租不同的消费者可以根据自己需求选择。对于购车主要用于上下班或家庭短途出行为主的消费者来讲,每天的出行距离一般不超过 100 km,这部分用户可以选择续航能力在 100 km 的电动汽车,虽然 100 km 的续航能力与传统汽车相比有很大差距,但是由于其电池容量小售价也容易被消费者接受,山东省续航能力在 100 km 左右的低速电动汽车热销也充分证明了这一点。对于企业、事业、机关等公用汽车一般每天行驶 200 km 左右,对于出租汽车则要求电动汽车续航能力达到 300 km

以上。

在考虑保证续航能力时,也要同时考虑电动汽车的使用寿命和使用成本,使用寿命和使用成本与电池的循环次数、电池的使用年限以及电池的售价密切相关。电动汽车的续航能力只有与消费者实际使用条件基本一致时才能取得良好的经济效益。

(三)提高电动汽车的动力性能指标

电动汽车的最高时速要能达到 100 km/h 以上,爬坡能力、加速性能及安全性至少能达到与传统汽车相同的最低要求。

电动汽车的设计最高时速在 100 km/h 与设计最高时速 150 km/h 所需电机功率有非常大的区别。电机功率越大成本越高、重量越重,在相同较低速度行驶时装有大功率电机的电动汽车会比装有小功率电机的电动汽车消耗能量大。从节约能量提高续航能力角度考虑电动汽车的最高设计时速标准不宜定得过高。但是从城市车多、避免拥堵角度考虑电动汽车的最高设计速度也不宜定得过低,综合考虑最高设计时速在 100 km/h 应该是一个比较合理的选择。

(四)延长电动汽车的承保使用寿命

厂商承诺电动汽车的电池组、电机和控制器保修使用寿命按续航能力分别如下:续航能力分别为 100 km、200 km、300 km 的电动汽车其保修使用寿命分别为 10 万 km、20 万 km、40 万 km(或 5 年,以先到为主)。出保修期后消费者更换电池的费用加上使用电费总费用要比同级别传统汽车总使用费用低至少两万元以上。

目前传统汽车的承保条件一般是 2 年或 6 万 km,现在电动汽车的承保一般是 5 年或 10 万 km,虽然电动汽车承保条件已经高于传统汽车,但是消费者却并不满意,主要原因在于人们对电动汽车的真实使用寿命及使用成本还不了解,对于电池组的使用寿命与更换电池的费用非常担心,如果厂商的承保条件不能达到让消费者放心的水平,消费者就难以下决心购买。如果厂商能够承诺续航能力分别为 100 km、200 km、300 km 的电动汽车其保修条件分别达到 10 万 km、20 万 km、40 万 km,且更换电池费用分别不超过 3 万元、7 万元、11 万元,消费者就不会再担心使用费用问题了。从燃油价格逐年升高和锂电池价格逐年降低的趋势看,5 年后燃料费用也许会更高,更换电池的费用会更低,5 年后电池的使用年限有望达到 10 年以上,那时电动汽车所节约的使用费用就会更多,这将会大大加快电动汽车的产业化发展。

（五）完善基础充电设施，保证电动汽车正常运行

由于电动汽车的普及是建立在停车位有充电条件的基础上，这与传统汽车的能源补充方式有了本质上的区别，传统汽车完全依赖加油站。这样必然是充电站的需求远少于加油站的需求，所以一个城市所建立的快速充电站不会很多。此外还可以考虑在公共停车场、路边停车位甚至单位等停车场安装一些可以计量刷卡的充电桩，消费者可以在办事、购物、娱乐、游园、上班等期间顺便补充电能，充电桩可以做成慢充和中充两种，这样就可以解决消费者出行怕电量不足开不回家的担忧。建普通 220 kV 电压的交流电充电桩的投资要比建快速充电站的费用低得多，也不需有专人值守，其充电成本可以做到与家中充电基本一致。如果安装的是能按峰谷电分别计价的充电桩，用户主要在夜间给电动汽车充电，那么一方面可以避免电动汽车推广给电网容量造成冲击；另一方面也可以为用户节约电费，如按低谷电费每度电 0.28 元计算，百公里耗电 10 kWh 左右的电动汽车其百公里行驶费用还不到 3 元，这是比乘坐任何公共交通工具还低的费用。

思考与练习

1. V2G 是什么？V2G 的实现方式有哪些？
2. 什么是电动汽车与大电网的互动？
3. 电动汽车与电网互动策略有哪些？
4. V2G 的应用价值主要体现在哪些方面？
5. V2G 的现行商业模式存在哪些问题？

参考文献

［1］ 杜红卫,鲁文,赵浚婧等.城市配电网源网荷互动优化调度技术研究与应用[J].供用电,2016(1)：45－49.

［2］ 马洲俊,朱红,徐青山.计及源网荷运行特性的配电网中长期调度互动技术[J].现代电力,2017,34(8)：15－20.

［3］ 夏飞,鲍丽山,王纪军等.源网荷友好互动系统通信组网方案介绍[J].江苏电机工程,2016,35(6)：65－69.

［4］ 姚建国,杨胜春,王珂等.智能电网源网荷互动运行控制概念及研究框架[J].电力系统自动化,2012,36(21)：1－7.

［5］ 曾鸣,杨雍琦,刘敦楠等.能源互联网源网荷储协调优化运营模式及关键技术[J].电力系统自动化,2016,40(1)：114－124.

［6］ 刘娅琳,杜红卫,赵浚婧等.基于源网荷互动模式的智能配电网调度业务优化[J].电力系统自动化,2014,42(7)：1290－1293.

［7］ 林琳,刘博,林祺蓉等.基于源网荷互动的分布式能源智能化全过程管控体系研究[J].山东电力技术,2017(5)：47－50.

［8］ 李大虎,孙建波,方华亮等.特高压接入电网后的源网荷互动调峰方式[J].武汉大学学报(工学版),2016,49(1)：94－99.

［9］ 孙宇军,王岩,王蓓蓓等.考虑需求响应不确定性的多时间尺度源荷互动决策方法[J].电力系统自动化,2017,41：1－9.

［10］ 许道强,喻伟.大规模供需友好互动系统中用户负荷快速控制技术研究[J].电力需求侧管理,2017,(S1)：37－39.

［11］ 陆晨亮.基于三维展示的大规模源网荷友好互动平台研究报告分析[J].电子世界,2016(17)：121.

［12］ 罗建裕,李海峰.基于稳控技术的源网荷友好互动精准负荷控制系统[J].电力工程技术,2017(1)：25－29.

［13］ 刘晓飞,张千帆,崔淑梅.电动汽车 V2G 技术综述[J].电工技术学报,2012,27(2)：

121 - 127.

[14] Leonard J. Beck. V2G - 101[M]. University of Delaware, 2009.

[15] 赵新建. 南京地区大规模源网荷友好互动系统信息网络建设研究[J]. 机电信息, 2017
(9)：6 - 7.

[16] 诸晓骏. 考虑电动汽车有序充电的主动配电网源网荷优化调度研究[D]. 东南大
学, 2016.

[17] 徐荣华. 主动配电网源网荷协调运行机制研究[D]. 华中科技大学, 2015.

[18] 欧雯雯, 叶瑞克, 鲍健强. 电动汽车(V2G 技术)的节能减碳价值研究[J]. 未来与发展,
2012, 35(5)：36 - 40.

[19] 谢旭轩, 刘坚. 我国电动汽车发展面临障碍及政策建议[J]. 中国能源, 2014, 36(8)：
15 - 18.

[20] 杜芳花. 电动汽车产业的商业模式创新研究[D]. 武汉理工大学, 2012.

[21] 国网江苏省电力公司. 国网江苏省电力公司网荷互动终端建设管理工作规范(试
行). 2017.

[22] 范明天. 主动配电系统定义与研究[J]. 供用电, 2015(2).

[23] 吕志鹏. 虚拟同步机技术构建"源—网—荷"友好互动新模式[J]. 供用电, 2017(2)：
32 - 35.

[24] 肖安南, 张蔚翔, 张超, 边海峰, 马昕, 裴玮. 需求侧响应下的微网源—网—荷互动优化
运行[J]. 电工电能新技术, 2017, 36(9)：71 - 79.

[25] 徐鲲鹏. 网荷互动技术[M]. 北京：中国电力出版社, 2015.